François Martel

Modélisation d'un véhicule hybride et la dégradation de ses batteries

François Martel

Modélisation d'un véhicule hybride et la dégradation de ses batteries

Comment bien prédire pour mieux vieillir

Presses Académiques Francophones

Impressum / Mentions légales
Bibliografische Information der Deutschen Nationalbibliothek: Die Deutsche Nationalbibliothek verzeichnet diese Publikation in der Deutschen Nationalbibliografie; detaillierte bibliografische Daten sind im Internet über http://dnb.d-nb.de abrufbar.
Alle in diesem Buch genannten Marken und Produktnamen unterliegen warenzeichen-, marken- oder patentrechtlichem Schutz bzw. sind Warenzeichen oder eingetragene Warenzeichen der jeweiligen Inhaber. Die Wiedergabe von Marken, Produktnamen, Gebrauchsnamen, Handelsnamen, Warenbezeichnungen u.s.w. in diesem Werk berechtigt auch ohne besondere Kennzeichnung nicht zu der Annahme, dass solche Namen im Sinne der Warenzeichen- und Markenschutzgesetzgebung als frei zu betrachten wären und daher von jedermann benutzt werden dürften.

Information bibliographique publiée par la Deutsche Nationalbibliothek: La Deutsche Nationalbibliothek inscrit cette publication à la Deutsche Nationalbibliografie; des données bibliographiques détaillées sont disponibles sur internet à l'adresse http://dnb.d-nb.de.
Toutes marques et noms de produits mentionnés dans ce livre demeurent sous la protection des marques, des marques déposées et des brevets, et sont des marques ou des marques déposées de leurs détenteurs respectifs. L'utilisation des marques, noms de produits, noms communs, noms commerciaux, descriptions de produits, etc, même sans qu'ils soient mentionnés de façon particulière dans ce livre ne signifie en aucune façon que ces noms peuvent être utilisés sans restriction à l'égard de la législation pour la protection des marques et des marques déposées et pourraient donc être utilisés par quiconque.

Coverbild / Photo de couverture: www.ingimage.com

Verlag / Editeur:
Presses Académiques Francophones
ist ein Imprint der / est une marque déposée de
OmniScriptum GmbH & Co. KG
Heinrich-Böcking-Str. 6-8, 66121 Saarbrücken, Deutschland / Allemagne
Email: info@presses-academiques.com

Herstellung: siehe letzte Seite /
Impression: voir la dernière page
ISBN: 978-3-8416-2402-4

Copyright / Droit d'auteur © 2013 OmniScriptum GmbH & Co. KG
Alle Rechte vorbehalten. / Tous droits réservés. Saarbrücken 2013

UNIVERSITÉ DU QUÉBEC

MÉMOIRE PRÉSENTÉ À
L'UNIVERSITÉ DU QUÉBEC À TROIS-RIVIÈRES

COMME EXIGENCE PARTIELLE
DE LA MAÎTRISE EN SCIENCES DE L'ÉNERGIE ET DES
MATÉRIAUX OFFERTE EN EXTENSION PAR L'INSTITUT
NATIONAL DE LA RECHERCHE SCIENTIFIQUE

PAR
FRANÇOIS MARTEL

MODÉLISATION D'UN VÉHICULE ÉLECTRIQUE HYBRIDE ET DE
LA DÉGRADATION DE SES BATTERIES INCLUANT SA
VALIDATION EXPÉRIMENTALE

NOVEMBRE 2011

Résumé

Le présent ouvrage s'attaque à la problématique de la représentation d'un véhicule électrique hybride via un modèle de simulation par ordinateur validé expérimentalement sur une plate-forme physique. Dans ce cas particulier, le véhicule à l'étude, le Némo, est entièrement électrique et est construit autour d'une banque de batteries acide-plomb, supportée par une pile à combustible PEM et une génératrice à essence. Le modèle réalisé sera orienté dans le but d'être utilisé dans des travaux de gestion d'énergie du véhicule.

Un intérêt particulier fut porté à la modélisation de la banque de batteries du véhicule, tout spécialement au niveau de l'usure et de la dégradation de celles-ci, qui est problématique pour le Némo. Donc, bien que les efforts de modélisation et de caractérisation couvrent l'ensemble du véhicule, la majorité des efforts du projet sont concentrés autour de ce phénomène et de son impact sur la gestion d'énergie.

Une étude de caractérisation du véhicule fut donc réalisée par une série de tests en laboratoire et sur le terrain, visant à calquer les modèles informatiques le plus fidèlement possible à leur équivalent physique. Ces modèles furent ensuite validés expérimentalement avec succès et utilisés dans le cadre d'une étude économique centrée sur les coûts d'opération du véhicule; les résultats ainsi tirés font l'objet d'une discussion à la conclusion de l'ouvrage.

Les résultats de la modélisation et de la caractérisation sont satisfaisants, tout comme les résultats de l'étude préliminaire de gestion d'énergie et des coûts d'opération, qui valide l'hypothèse de la gestion d'énergie comme moyen de prolonger la durée de vie des batteries. Les observations expérimentales démontrent que l'intensité du courant de décharge imposé aux batteries par le contrôleur du véhicule est une cause majeure de la dégradation accélérée des batteries rapportée par le fabricant.

Remerciements

Évidemment, un tel travail de recherche est impossible à accomplir par une seule personne et est le fruit d'une collaboration entre une multitude d'individus. Bien que plusieurs aient contribué d'une façon ou d'une autre au succès de ce projet, il est peu pratique de les lister tous ici. Par contre, voici les remerciements qui s'imposent pour les principaux contributeurs à ce document.

Tout d'abord, il convient de reconnaître l'apport majeur des professeurs impliqués directement dans ce projet de maîtrise, Yves Dubé, mon directeur, Kodjo Agbossou, mon co-directeur, et Loïc Boulon, présents dans tous les niveaux de mon travail. Merci donc à Yves pour sa grande disponibilité, Kodjo pour sa gestion efficace de l'entreprise et à Loïc pour ses nombreux commentaires et coups de pouce dans la bonne direction.

Un merci tout particulier à Sousso Kelouwani, encadrant postdoctoral rattaché à l'IRH, qui a su me faire profiter de sa grande sagesse et de sa connaissance incomparable du monde de la recherche lors de mes instants les plus confus. La compatibilité de nos personnalités fut un très grand atout à ma réussite, et je ne peux qu'espérer atteindre un jour une telle maîtrise dans mon domaine.

Une note spéciale à Alexander, Kevin et Pascal, étudiants au baccalauréat qui surent, le temps d'un stage d'été, instrumenter le véhicule plus rapidement et efficacement que dans nos meilleures prédictions. Dans le même ordre d'idées, merci à Nilson pour m'avoir assisté dans l'utilisation du banc d'essai de batteries, sans quoi mon travail aurait été beaucoup plus complexe.

Finalement, merci à mes collègues de maîtrise, Marc, Jean-Philippe et William pour leur support et les multiples discussions qui, sans être toujours pertinentes à la recherche, furent essentielles pour l'entretien de mon moral au long de ces deux années d'études.

Table des matières

Résumé..i
Remerciements..iii
Table des matières..v
Liste des figures...x
Liste des tableaux..xiii
Introduction..1
Chapitre 1 – Problématique, méthodologie et objectifs...................5
   1.1 – Structure du mémoire 5
   1.2 – Problématique.. 7
   1.3 – Objectifs 8
      1.3.1 - Diminuer la consommation de carburant 10
      1.3.2 - Aspect économique 10
   1.4 – Méthodologie... 11
   1.5 – Point de départ : le Némo 12
Chapitre 2 – Présentation du Némo et cadre théorique...................14
   2.1 – Véhicules électriques et véhicules électriques hybrides 14
   2.2 - Généralités, véhicules électriques hybrides 15
   2.3 - Topologies... 17
      2.3.1 - Série... 18
      2.3.2 - Parallèle... 18
      2.3.3 - Série-parallèle 19
      2.3.4 - Complexe 19
   2.4 - Le véhicule Némo original...20
      2.4.1 – Le véhicule Némo modifié 22
   2.5 - Freinage régénératif 24
   2.6 - Batteries acide-plomb 25

2.6.1 – Mécanismes d'usure des batteries acide-plomb. 31
2.7 - Pile à combustible PEM 36
2.8 - Génératrice à combustion interne 38
2.9 – Conclusion 39
Chapitre 3 - Modèle théorique du Némo 41
3.1 – Modèle général 41
3.2 - Hypothèses de départ 44
   3.2.1 – Le modèle physique du véhicule utilise une approche macroscopique 44
   3.2.2 – Le moteur électrique modélisé est un moteur à courant continu 45
   3.2.3 – Les composantes multiples ne sont pas modélisées individuellement 46
   3.2.4 – Les modèles doivent être validables expérimentalement 46
3.3 - Physique du véhicule 47
   3.3.1 – Équations générales 47
   3.3.2 - Inertie des roues 50
   3.3.3 - Inertie du véhicule 51
   3.3.4 - Résistance aérodynamique 51
   3.3.5 - Dynamique du terrain 52
   3.3.6 - Friction des roulements 53
   3.3.7 - Friction des pneus sur la route 54
   3.3.8 – Transmission mécanique 55
   3.3.9 – Freinage 56
   3.3.10 - Moteur CC 58
3.4 - Systèmes électriques de puissance 60
   3.4.1 – Équations générales 60
   3.4.2 – Pile à combustible PEM à hydrogène 62
   3.4.3 – Génératrice à combustion interne 64

3.4.4 – Réseau électrique public 65
3.4.5 – Convertisseurs CA/CC 65
3.5 - Cycles de conduite 66
3.6 - Conclusion 66
Chapitre 4 – Modèle de batterie acide-plomb............................68
4.1 – Modèle original 68
4.2 – Modifications apportées au modèle original 75
    4.2.1 – Capacité en fonction du courant 75
    4.2.2 – Capacité en fonction de la température 79
4.3 - Modèle d'usure 81
    4.3.1 – Évaluation de la durée de vie 84
    4.3.2 - Dégradation de performance 90
4.4 – Conclusion 91
Chapitre 5 – Caractérisation des batteries du Némo.....................93
5.1 - Protocole expérimental 93
    5.1.1 – Banc d'essai et chambre climatique 95
5.2 – Détermination des paramètres du modèle 98
    5.2.1 - Paramètres de la capacité 99
    5.2.2 - Paramètres de la branche principale 100
    5.2.3 - Paramètres de la force électromotrice E_m. 101
    5.2.4 - Paramètres de la résistance interne R_0 103
    5.2.5 - Paramètres du bloc R_1-C_1 104
    5.2.6 - Paramètres de la branche parasite 106
    5.2.7 - Paramètres du modèle thermique 107
5.3 - Caractérisation du « coup de fouet » 108
5.4 – Caractérisation expérimentale du modèle de batterie 113
    5.4.1 - Calcul des paramètres 115
    5.4.2 - Corrections du modèle de batterie 118
    5.4.3 - Validation du modèle 120

5.5 - Tests supplémentaires et modifications finales 123
   5.5.1 – Choix d'une plage de courants expérimentale 124
   5.5.2 – Modification finale du modèle de batterie 126
5.6 – Conclusion 128

Chapitre 6 - Caractérisation expérimentale du modèle du Némo.....129
6.1 - Protocole expérimental général 130
6.2 - Caractérisation générale du véhicule 130
6.3 – Protocole de caractérisation par tests routiers 132
   6.3.1 - Instrumentation du Némo 132
   6.3.2 - Protocole expérimental des tests routiers individuels 134
6.4 - Tests routiers de comportements individuels 136
   6.4.1 – Accélération maximale de 0-40 km/h 138
   6.4.2 – Accélération lente de 0-40 km/h 145
   6.4.3 – Inertie du véhicule et courant régénératif 150
   6.4.4 – Vitesses constantes dans différentes conditions 154
6.5 – Test routier d'autonomie 155
   6.5.1 – Résultats expérimentaux et discussion 159
   6.5.2 – Validation du modèle en autonomie 163
6.6 - Caractérisation du coefficient de roulement pneus-route 164
6.7 - Caractérisation du coefficient de résistance aérodynamique 168
6.8 - Caractérisation sur dynamomètre 170
6.9 – Conclusion 175

Chapitre 7 – Introduction à la gestion d'énergie du Némo............177
7.1 - Problématique 177
7.2 – Approche proposée 179
   7.2.1 – Scénario 1 – Comparatif de base, sans recharge 182
   7.2.2 – Scénario 2 – Recharge intermittente par le réseau public 182
   7.2.3 – Scénario 3 – Recharge additionnelle par la génératrice MCI . 183
7.3 – Résultats et discussion 184

7.4 – Conclusions 191
Chapitre 8 – Discussion et conclusions...193
    8.1 – Discussion sur les résultats observés... 196
    8.2 – Perspectives et travaux futurs.. 199
Références...200
Appendice A - Spécifications techniques du manufacturier............205
    A-1. Véhicule électrique Némo original 205
    A-2. Batteries acide-plomb US 8V GCHC XC 206
    A-3. Génératrice MCI Honda EM5000iS 212
    A-4. Pile à combustible PEM Mobixane.. 213
    A-5. Moteur électrique ACX-2043 214
    A-6. Contrôleur - convertisseur CC/3CA Curtis Instruments 1236-6301 217
    A-7. Chargeur de batterie PFC2000+... 218
    A-8. Pneus Sailun Iceblazer WST1 175/70R13 220
Appendice B - Schémas électriques de l'instrumentation du Némo..221
Appendice C – Modèles Matlab/Simulink® du véhicule Némo........223

Liste des figures

Figure 2-1. Classification des topologies des VEH [6].....................17
Figure 2-2. Le véhicule électrique Némo dans sa forme originale.........20
Figure 2-3. Architecture originale du Némo................................22
Figure 2-4. Le véhicule électrique Némo modifié..........................23
Figure 2-5. Architecture du Némo modifié..................................24
Figure 2-6. Batterie acide-plomb [21]....................................26
Figure 2-7. Chimie des batteries acide-plomb [21]........................27
Figure 2-8. Différences entre principes de construction de batteries [21].28
Figure 2-9. Capacité d'une batterie en fonction du courant de décharge [21]..29
Figure 2-10. Mécanismes d'usure et les facteurs de stress qui les influencent [23]...33
Figure 2-11. Effets de la profondeur de décharge sur la durée de vie des batteries [17]..35
Figure 2-12. Schéma de fonctionnement d'une pile à combustible PEM [36]..37
Figure 2-13. Génératrice à combustion interne originale [53].............38
Figure 2-14. Modification proposée de la génératrice MCI.................39
Figure 3-1. Diagramme de la structure du modèle..........................42
Figure 3-2. Diagramme de corps libre du véhicule.........................48
Figure 3-3. Diagramme du rendement composé du véhicule...................49
Figure 3-4. Schéma du frottement pneu-route..............................55
Figure 3-5. Schéma du moteur CC..58
Figure 3-6. Schéma des systèmes électriques..............................61
Figure 3-7. Courbe de polarisation d'une pile PEM [36]...................62
Figure 4-1. Circuit équivalent de batterie acide-plomb [41]..............69

Figure 4-2. Capacité en fonction du courant de décharge..................76

Figure 4-3. Capacité en fonction de la température [17]..................80

Figure 4-4. Durée de vie versus profondeur de décharge des batteries [42]..................83

Figure 5-1. Banc d'essai pour caractérisation des batteries.................96

Figure 5-2. Chambre climatique..................97

Figure 5-3. Exemple typique de test de décharge..........................101

Figure 5-4. Phénomène du « coup de fouet » [46].........................109

Figure 5-5. Effets du coup de fouet (R_2) sur la tension....................110

Figure 5-6. Points à relever pour l'évaluation de R_2.......................112

Figure 5-7. Résultats expérimentaux des 4 tests de décharge initiaux...114

Figure 5-8. Ajustement du modèle aux données expérimentales.........117

Figure 5-9. Effet du facteur d'ajustement exponentiel ξ..................119

Figure 5-10. Validation expérimentale du modèle avec paramètres moyennés..................122

Figure 5-11. Validation expérimentale du modèle avec paramètres finaux..................127

Figure 6-1. Instrumentation à bord du Némo...........................133

Figure 6-2. Schéma simplifié de l'instrumentation du Némo............134

Figure 6-3. Résultats du test d'accélération maximale 0-40 km/h, vitesse moyenne..................139

Figure 6-4. Résultats du test d'accélération maximale 0-40 km/h, simulation..................140

Figure 6-5. Résultats du test d'accélération maximale 0-40 km/h, puissance électrique..................141

Figure 6-6. Résultats du test d'accélération maximale 0-40 km/h, courants..................143

Figure 6-7. Résultats du test d'accélération maximale 0-40 km/h, simulation..................144

Figure 6-8. Résultats du test expérimental d'accélération lente 0-40 km/h, vitesse moyenne...........146

Figure 6-9. Résultats du test expérimental d'accélération lente 0-40 km/h, puissance électrique...........146

Figure 6-10. Résultats du test expérimental d'accélération lente 0-40 km/h, courants...........148

Figure 6-11. Résultats du test par simulation d'accélération lente 0-40 km/h...........149

Figure 6-12. Profil expérimental de courant régénératif, 35 km/h........151

Figure 6-13. Profil de courant régénératif, 35 km/h, simulation..........153

Figure 6-14. Charge additionnelle, sous forme de batteries acide-plomb...........157

Figure 6-15. Cale ajustable sous la pédale d'accélération du Némo......158

Figure 6-16. Trajet employé pour les tests routiers d'endurance..........159

Figure 6-17. Appel de puissance généré par un cycle du circuit...........160

Figure 6-18. Résultats typiques de coefficients de friction pneu-route [48]...........167

Figure 6-19. Banc dynamométrique de chassis utilisé.....................171

Figure 6-20. Résultats du banc dynamométrique, mécanique............172

Figure 6-21. Résultats du banc dynamométrique, électrique.............173

Figure 7-1. Cycle de conduite UDDS modifié...........181

Figure 7-2. Comparatif des coûts d'opération du VEH...................185

Figure 7-3. Comparatif de la durée de vie des batteries..................187

Figure 7-4. Profil de l'état de charge SOC, scénario 3...........188

Figure 7-5. Résultats obtenus par essai-erreur, scénario 3................190

Liste des tableaux

Tableau 2-1. Spécifications originales du Némo..........................21

Tableau 4-1. Paramètres empiriques du modèle de batterie original [39]..75

Tableau 4-2. Débit d'énergie des batteries................................86

Tableau 5-1. Paramètres du modèle de batterie.............................98

Tableau 5-2. Paramètres du modèle de capacité..........................100

Tableau 5-3. Paramètres de la branche parasite..........................106

Tableau 5-4. Paramètres du modèle thermique...........................108

Tableau 5-5. Couples de courant-température utilisés pour les tests de décharge...113

Tableau 5-6. Points d'intérêt des 4 tests de décharge initiaux............115

Tableau 5-7. Paramètres extraits des 4 essais initiaux....................116

Tableau 5-8. Paramètres ajustés et moyennés du modèle................121

Tableau 5-9. Tests supplémentaires de décharge (5, 6 et 7).............124

Tableau 5-10. Paramètres finaux du modèle de batterie...................127

Tableau 6-1 – Paramètres d'intérêt du Némo..............................131

Tableau 6-2. Conditions du test initial sur route..........................138

Tableau 6-3. Courants régénératifs mesurés à différentes vitesses......152

Tableau 6-4. Courants mesurés à différentes vitesses et profils de terrain..154

Tableau 6-5. Paramètres de départ du test d'autonomie..................156

Tableau 6-6. Résultats du test d'autonomie...............................161

Tableau 6-7. Calcul du coefficient de friction pneu-route................167

Tableau 6-8. Calcul du coefficient de résistance aérodynamique.........170

Tableau 6-9. Résultats du test de banc dynamométrique.................174

Tableau 7-1. Paramètres économiques du modèle de simulation.........182

Introduction

L'homme a réussi à tracer son chemin à travers les âges par des moyens très différents des autres espèces qui peuplent la Terre. Alors que la majorité des êtres vivants ont suivi le chemin de l'adaptation, développant une panoplie de traits physiques, de régimes alimentaires et de méthodes de reproduction adaptées à leur environnement immédiat, l'être humain, quant à lui, a suivi une voie complètement opposée : au lieu d'être lui-même en harmonie avec son habitat, il transforme et modifie celui-ci pour qu'il subvienne à ses besoins. Cette voie est bien entendu le résultat d'une évolution bien différente : celle de son intellect, plutôt que de son physique. L'homme a donc su, au cours de son existence, apprendre à manipuler son environnement et l'utiliser à son avantage.

Pendant des milliers d'années, cette façon de faire se poursuivit, l'homme et sa technologie progressant toujours à grands pas vers l'avant, sans jamais se retourner. Pourtant, jamais son espèce ne dépassa les quelques centaines de millions d'individus, une limite naturelle imposée par son environnement et apparemment immuable malgré ses nombreux efforts.

L'avènement des combustibles fossiles au début du 20ème siècle a littéralement fracassé cette barrière. En l'espace d'à peine quelques générations, cette substance quasi miraculeuse a décuplé le flux d'énergie circulant à travers tous les niveaux de la civilisation humaine, produisant une surabondance encore jamais vue de nourriture, de logis, de transportation et de soins médicaux pour toute sa population. L'agriculture s'est mécanisée et pourvue de pesticides efficaces, la majorité à base de pétrole, si bien qu'une poignée de cultivateurs peuvent maintenant nourrir des milliers, alors qu'autrefois ils avaient peine à subvenir aux besoins de leur propre famille. Les transports, tant routiers qu'aériens, ont connu une transformation sans précédent, mettant ainsi la totalité du globe à la portée de chacun et permettant l'existence de villes toujours plus immenses et éloignées des habitations de ses citadins, mais encore plus distantes des sources de nourriture et de biens de consommation. L'être humain a ainsi vu ses besoins essentiels facilement comblés et a pu se tourner vers des entreprises toutes autres, provoquant des développements sans précédent à tous les niveaux, tant scientifiques, industriels et médicaux que culturels, artistiques et sociaux. Bref, cette explosion de l'énergie librement disponible dans sa société a catapulté l'humanité dans une ère d'abondance et de facilité inconcevable à peine cent ans plus tôt [1].

Pour la première fois de son histoire, l'homme a apparemment complètement soumis son environnement à sa volonté. Dans cette période d'excès, ses contraintes naturelles d'espérance de vie sont repoussées de plus en plus loin, à un point tel que le nombre d'humains se chiffre maintenant passé les 7 milliards et est en voie d'atteindre 9 milliards d'ici une trentaine d'années [2]. Cette explosion démographique s'accompagne malheureusement d'un lot de problèmes et de questions pressantes.

Pour la première fois de son histoire, l'homme voit maintenant apparaître des signes que ses actions ont un impact sévère sur la planète qu'il habite. Avec sa population croît un besoin exponentiel d'énergie, et notre civilisation prend rapidement conscience que les moyens de se la procurer et de l'utiliser sont loin d'être sans conséquence.

Des changements climatiques inquiétants sont observés partout dans le monde et une multitude d'indices démontrent qu'ils seront croissants dans les années à venir [3]; l'analyse de ces phénomènes pointe de plus en plus clairement vers l'utilisation d'hydrocarbures à grande échelle comme cause principale [4]. De plus, les prévisions les plus optimistes estiment les réserves d'hydrocarbures mondiales à moins de 100 ans [1], indiquant la fin imminente du régime d'abondance actuel. Il importe donc, plus que jamais, de trouver des moyens de produire, gérer et distribuer l'énergie disponible de façon responsable et durable à tous les niveaux de notre société, tant pour l'industrie, les résidences ou les moyens de transport, avant de plonger dans un gouffre dont l'issue pourrait bien être catastrophique.

Pour résoudre ces enjeux et assurer un lendemain à la race humaine, il faudra bien entendu beaucoup de temps et d'effort de la part de tous ses membres. Le présent travail est un premier pas, si minuscule soit-t-il, dans cette direction. Le problème des transports est en effet une part considérable du problème de consommation, puisant presque entièrement son énergie dans des sources de combustibles fossiles qui, en plus d'être en voie d'être taries et d'être au centre de grandes tensions politiques [1], polluent l'air de la planète et sont en train de modifier son climat de façon alarmante.

La solution idéale est évidemment un véhicule, présumé électrique, n'émettant aucune émission polluante et utilisant des sources entièrement renouvelables; cependant, plusieurs percées technologiques restent à faire avant que cet objectif ne se réalise pleinement. Par contre, comme le temps presse de remédier à la menace posée par les combustibles fossiles, la meilleure solution à ce jour reste le véhicule électrique hybride (VEH), un amalgame de technologies déjà disponibles, assemblées de façon à obtenir un système qui, en utilisant plusieurs sources d'énergie, consomme moins de carburant tout en fournissant des performances utiles à son utilisateur. Cette approche nécessite évidemment, par sa nature multidimensionnelle, une gestion efficace et intelligente des différentes sources d'énergie à bord, afin de maximiser le potentiel de chacune de ses composantes et d'obtenir les résultats de consommation, d'émission et de performance optimaux. C'est là précisément le but de cet ouvrage: la modélisation d'un VEH, utilisant une banque de batteries chimiques, une pile à combustible à membrane électrolyte polymère (*Polymer Electrolyte Membrane Fuel Cell*, ou PEMFC) et une génératrice utilisant un moteur à combustion interne (MCI) comme sources d'énergie, ainsi que le développement d'un éventuel algorithme de gestion optimale de ces sources.

Dans l'intention explicite d'aborder la problématique de gestion des véhicules électriques hybrides, l'Institut de Recherche sur l'Hydrogène (IRH) de Trois-Rivières s'est pourvu d'un véhicule électrique (VE) commercial, le Némo, et l'a modifié en VEH par l'ajout des composantes mentionnées ci-dessus, principalement la pile PEM et la génératrice MCI.

La première phase de ce projet, la modélisation par ordinateur de ce VEH, est présentée dans cet ouvrage. Une revue exhaustive de la littérature scientifique disponible sur le sujet a également permis de cerner un manquement dans les pratiques de gestion d'énergie de tels véhicules, particulièrement au niveau de l'évaluation de l'usure de ses composantes; un modèle d'usure de batteries acide-plomb fut donc élaboré et est au cœur du travail présenté ici. Ce modèle, ainsi que tous ceux réunis dans le simulateur du Némo, furent validés expérimentalement par une campagne de mesures en laboratoire et sur le terrain, pour être finalement mises à l'essai dans une étude de gestion d'énergie axée sur l'optimisation des coûts d'opération.

Chapitre 1 – Problématique, méthodologie et objectifs

Cette première section sert à fixer le cadre général du projet, la problématique attaquée, les solutions proposées et les hypothèses sur lesquelles le travail s'appuie. Elle est primordiale afin de procéder sur des assises solides et clairement définies pour la totalité du projet, et procure également un contexte sur l'ensemble de l'ouvrage. Tout d'abord, il convient de présenter le déroulement de ce document et de ses différents chapitres.

1.1 – Structure du mémoire

Le travail proprement dit débutera par une description explicite et détaillée du cadre du projet, présenté dans la section actuelle. La problématique attaquée sera décrite et définie précisément, tout comme les pistes de solutions poursuivies au cours de l'ouvrage.

Le second chapitre présentera une revue générale des technologies et autres éléments pertinents à la compréhension du projet. Ceux-ci incluent entre autres la nomenclature et les conventions liées au domaine des véhicules électriques hybrides, les technologies à la base des batteries, de la pile PEM, de la génératrice MCI et des composantes secondaires au véhicule ainsi que les particularités liées à la modélisation sur ordinateur. Également présentées seront les hypothèses émises au départ du travail et les simplifications nécessaires afin de compléter la tâche à l'intérieur des contraintes établies. Ces informations serviront à guider le lecteur de cet ouvrage; une fois bien en main, elles seront invoquées au cours de ce travail en plus grand détail.

En troisième lieu, le modèle théorique du VEH développé sera abordé et décrit en profondeur. Débutant par l'approche choisie et les hypothèses de départ jusqu'au fin détail des équations mathématiques du modèle, ce chapitre inclut une bonne part du travail réalisé dans le cadre de ce projet. De plus, ce segment du rapport comprendra une description directe du modèle de simulation, de sa structure et de son fonctionnement.

Comme quatrième et cinquièmes étapes, cet ouvrage présentera le modèle de batterie acide-plomb adapté au projet ainsi que les étapes de sa caractérisation expérimentale, respectivement. Ceux-ci incluent non seulement le modèle de batterie original et les nombreuses modifications qui lui furent apportées, mais également un modèle d'usure développé spécialement pour les besoins du projet. Ces deux chapitres englobent la majorité des efforts qui furent déployés dans le cadre de cet effort de recherche.

Ensuite, un chapitre sera consacré à la validation du modèle de simulation. Les résultats fournis par la simulation seront comparés aux lectures prises sur le véhicule Némo réel, complètement instrumenté dans ce but précis. Également inclus seront les procédures et résultats d'une campagne de caractérisation complète du VEH, entreprise afin de déterminer ses paramètres d'opération, les forces internes et externes influençant son comportement et les différentes pertes mécaniques et électriques intrinsèques à son fonctionnement.

Le septième chapitre, quant à lui, consistera en une introduction à la gestion d'énergie pour laquelle ce modèle est destiné. Une étude simple mais complète d'optimisation des coûts d'opération du véhicule sera réalisée afin de mettre le modèle développé à l'épreuve et de valider les hypothèses qui sous-tendent ce projet.

Finalement, le travail sera clos par une discussion sur les conclusions tirées des résultats du projet et une projection vers l'avant pour la suite de l'entreprise et les recommandations pertinentes aux études futures.

1.2 – Problématique

Il convient de définir explicitement les bases sur lesquelles les travaux seront fondés, les objectifs à atteindre et la méthodologie proposée pour y parvenir. Pour débuter, il importe de poser concrètement la problématique attaquée par ce travail.

Le véhicule original Némo présente de sérieux problèmes quant à la durabilité de sa banque de batteries, qui durent environ 3 mois lors de son utilisation normale, selon les rapports du manufacturier, ce qui est évidemment inacceptable. Désirant trouver une solution à ce problème, l'hypothèse fut posée que la gestion de l'énergie du véhicule, réalisée en y ajoutant des sources de recharge auxiliaires, serait un moyen efficace d'y parvenir. Cette hypothèse s'appuie sur le phénomène principal d'usure des batteries acide-plomb présentes à bord, la profondeur de décharge.

En bref, ces batteries sont sensibles à la profondeur à laquelle on les charge et décharge à répétition : ainsi, une batterie très peu sollicitée performera durant des années, alors qu'un monobloc continuellement épuisé cessera de fonctionner au bout de quelques mois à peine. En ajoutant une source de recharge à bord du véhicule, il est possible de maintenir leur charge à un niveau suffisamment élevé, et donc de prolonger leur durée de vie.

Toutefois, il est nécessaire de gérer intelligemment ces sources d'énergie afin de les utiliser à leur plein potentiel.

1.3 – Objectifs

Dans le but de créer un algorithme de gestion d'énergie performant, un modèle de simulation complet du véhicule, incluant une évaluation de la dégradation de ses batteries, devra être réalisé et caractérisé expérimentalement afin de représenter fidèlement le Némo. Cette tâche représente l'essentiel du travail présenté ici et sa réalisation est donc sa problématique primaire.

À l'aide de ce modèle, un modèle de gestion d'énergie pourra être développé et sera axé sur la réduction des coûts d'opération du véhicule afin de trouver le meilleur équilibre entre les coûts de dégradation des batteries et ceux du carburant qu'il faudra consommer afin de les recharger. Cet aspect sera abordé ici de façon élémentaire et fera l'objet d'une étude plus poussée lors d'un travail subséquent.

Le but ultime des travaux débutés ici est l'élaboration d'un algorithme d'optimisation de la gestion d'énergie du VEH Némo, selon des paramètres bien définis. Comme premier pas dans cette direction, la méthodologie proposée est celle de la simulation informatique. Cette optimisation s'intéresse principalement au caractère économique (monétaire) de l'utilisation du VEH, et de façon secondaire à la consommation directe de carburant, bien que les deux soient intrinsèquement liées.

Elle sera réalisée en visant deux objectifs principaux : le premier, plus

« classique », est évidemment de minimiser la consommation de carburant du véhicule, tout en maintenant des performances acceptables; le deuxième est de minimiser le coût d'opération du véhicule en considérant divers critères, dont un jusqu'alors peu étudié dans la littérature, ce qui en fait le point d'intérêt central de l'étude : l'usure des batteries.

Toutefois, la finalité d'un contrôle optimal comme tel fera l'objet d'un travail subséquent à celui-ci. En effet, les travaux de modélisation du véhicule, en particulier sa banque de batteries acide-plomb et leur dégradation, ainsi que la caractérisation expérimentale de ces modèles, se sont avérés beaucoup plus complexes qu'initialement envisagé. Le présent travail est donc concentré autour de cette problématique et des efforts faits en ce sens. Une première tentative d'optimisation des coûts d'opération du véhicule sera malgré tout présentée dans ce document, mais celle-ci sera réalisée à titre qualitatif seulement et emploiera une technique rudimentaire.

Donc, l'objectif primaire de cette étude est la modélisation d'un véhicule électrique hybride complet et existant, le Némo. Ce modèle devra représenter de façon suffisamment précise le comportement du Némo afin de pouvoir l'utiliser dans le cadre d'un projet de gestion d'énergie axé sur l'économie d'opération.

Il devra inclure tous les composants du véhicule, notamment sa banque de batteries acide-plomb, son moteur électrique, son comportement physique et mécanique, ainsi que toutes ses sources auxiliaires d'énergie, incluant le réseau public, une pile à combustible PEM, une génératrice MCI. Une attention particulière devra être portée au modèle de batterie, en particulier à leur dégradation.

Ce modèle devra, en plus de reposer sur de solides équations théoriques, être caractérisé efficacement afin de représenter fidèlement le véhicule Némo, dont une plate-forme physique pleinement instrumentée est disponible pour l'étude. Ceci implique donc une gamme de tests expérimentaux, tant en laboratoire sur les composantes critiques (les batteries) que par expérimentation sur le terrain à l'aide du VEH. Les résultats obtenus expérimentalement devront être utilisés afin de paramétrer le modèle développé ainsi que pour la validation pratique de celui-ci.

1.3.1 - Diminuer la consommation de carburant

D'abord, le module d'optimisation de la gestion d'énergie du véhicule doit, bien évidemment, gérer ses sources d'énergie pour accomplir sa tâche en dépensant le moins de carburant possible. L'économie de carburant reste l'enjeu principal de tout système de gestion d'énergie d'un VEH et celui-ci ne fait pas exception. On évitera donc des scénarios incompatibles avec cet objectif, comme par exemple l'utilisation exclusive de la génératrice à essence ou de la pile PEM comme mode de propulsion, même si une étude économique les désignait comme plus avantageuses.

1.3.2 - Aspect économique

L'aspect économique ici présenté inclut une donnée très peu répandue dans la littérature, soit l'usure des batteries acide-plomb du véhicule. L'origine de ce paramètre est simple à expliquer : elle vient du fabriquant du véhicule Némo lui-même.

En effet, le Némo, dans sa forme commerciale, non modifiée, ne comporte qu'une seule source d'énergie à bord : sa banque de batteries. Bien que très peu coûteuse en apparence lors de son utilisation, le véhicule étant rechargé à peu de frais par le réseau public, le constructeur dut se rendre à l'évidence que lorsque les batteries sont utilisées de cette façon, hors de leurs paramètres d'utilisation prescrits, elles ont une durée de vie très réduite, de l'ordre de quelques mois. Rapidement, ce qui était un véhicule écologique et pratiquement gratuit à conduire devint un fardeau inacceptable à plusieurs niveaux, tant économique qu'environnemental, car la banque entière de 9 batteries acide-plomb devait être remplacée plusieurs fois par année.

C'est d'ailleurs de cette constatation que l'étude présentée ici tire son originalité : le module d'optimisation, en plus de considérer une consommation minimale de carburant de la part de sa pile PEM et de sa génératrice, devra tenir en compte l'usure des batteries. Bien que leur recharge par le réseau soit peu coûteuse, toute économie, tant au niveau monétaire qu'environnementale, ainsi réalisée est ainsi contrecarrée si elles doivent être jetées et remplacées au bout de quelques mois.

Le coût de cette usure sera donc considéré vis-à-vis du coût en carburant des autres sources, en plus du coût de recharge au réseau, afin de trouver une méthode optimale de gestion d'énergie incluant tous ces aspects.

1.4 – Méthodologie

Pour parvenir à ces objectifs, la voie de la simulation informatique fut choisie en raison de sa relative simplicité, son aspect pratique, rapide et surtout moins coûteux que l'option du prototypage physique.

Pour ce faire, un modèle sera réalisé à l'aide du logiciel MATLAB®, plus particulièrement son module de programmation visuelle, Simulink®. De toutes les options envisagées à tour de rôle au cours du développement du modèle, dont la programmation en code Visual Basic, MATLAB® et son compagnon Simulink® furent estimés comme les plus simples et conviviaux à utiliser pour ces besoins. De plus, la popularité du logiciel dans la communauté scientifique facilite le travail de recherche, celui-ci étant utilisé dans une grande proportion de la documentation disponible, un point d'attrait non négligeable, bien qu'accessoire.

La caractérisation expérimentale du modèle ainsi développé sera faite par deux méthodes principales. La première, concernant directement les batteries, sera réalisée sur un banc d'essai réalisé à cette fin, incluant une charge programmable, un système d'acquisition informatisé et une chambre climatique destinée à contrôler la température de l'élément testé. La seconde, visant le modèle du véhicule complet, sera réalisée par une gamme d'essais routiers à l'aide du Némo, complètement instrumenté et également muni d'un système d'acquisition conçu pour l'expérience.

1.5 – Point de départ : le Némo

Il est crucial de noter, avant toute chose, que le présent projet a une base et un point de départ ancré très solidement dans la réalité : en effet, bien que cet ouvrage tourne entièrement autour d'un modèle de simulation informatique, ses composantes et données correspondent à un véhicule bien réel, le Némo.

Ce véhicule, réalisé par une compagnie québécoise du même nom [5], fut acquis au début de l'hiver 2011 par l'Institut de Recherche sur l'Hydrogène (IRH), un institut associé à l'Université du Québec à Trois-Rivières (UQTR) où le présent ouvrage fut complété. La finalité du projet, au-delà de ce travail, est d'utiliser ce véhicule comme banc d'essai pour la recherche sur les VEH.

Il est bien important de le garder en tête, car de ce fait découlent deux implications majeures, la première étant que ce travail s'appuie sur des données réelles et non pas une pure construction virtuelle : plusieurs aspects du travail d'optimisation et de construction du modèle sont donc dirigés par cet impératif, comme par exemple la concentration des efforts de caractérisation sur la banque de batteries acide-plomb incluse dans le véhicule.

Le second point, de façon plus importante encore, est que le véhicule étudié est une plate-forme *existante*, c'est-à-dire qu'au moment de réaliser le modèle, le véhicule était déjà construit et fonctionnel. Comme il sera énoncé dans cet ouvrage, il existe déjà des technologies et des topologies de VEH plus efficaces et mieux adaptées aux besoins du véhicule et aux objectifs que l'étude tente d'atteindre. Cependant, il est important de souligner que la majorité des technologies utilisées dans le modèle le sont parce que ce sont celles déjà à bord du Némo.

Bien entendu, il est possible de le modifier et d'employer des sources d'énergie ou une mécanique plus performante; toutefois, cela sort du cadre de cette étude et ne sera pas envisagé dans la présente recherche.

Chapitre 2 – Présentation du Némo et cadre théorique

Cette section vise à décrire et expliquer les différentes technologies qui furent utilisées dans le cadre du projet et qui prennent place à bord du VEH Némo. Elle sera essentielle au lecteur afin d'avoir les informations qui sous-tendent le reste du projet bien en main et être en mesure d'en comprendre les motivations.

D'abord, les généralités concernant le domaine des véhicules hybrides seront couvertes de façon sommaire, accompagnées des références appropriées appuyant la théorie présentée. Puis, les composantes du véhicule Némo seront approchées plus en détail, notamment les batteries acide-plomb et les mécanismes de dégradation qui les affectent. Le chapitre se poursuit par une revue rapide des technologies à la base des sources auxiliaires d'énergie du véhicule.

2.1 – Véhicules électriques et véhicules électriques hybrides

D'abord, il est approprié de faire une distinction très générale entre les types de véhicules utilisant l'électricité comme mode de propulsion, car tous n'utilisent pas les mêmes principes de fonctionnement. Le plus simple d'entre eux est le véhicule électrique (VE) qui, comme son nom l'indique, est mû strictement par l'électricité. Ce dernier peut mettre en œuvre différentes technologies, comme le branchement sur réseau électrique (« plug-in »), les cellules photovoltaïques, la puissance humaine, etc. couplés à une variété d'accumulateurs d'énergie (batteries, condensateurs) pour accomplir sa tâche. Par contre, un véhicule électrique, par sa définition, ne produit aucune émission, donc n'utilise aucun carburant.

Les véhicules électriques hybrides (VEH), quant à eux, opèrent de façon très similaire, mais incluent au moins une source d'énergie à base de combustible à bord. Typiquement, cette source est un moteur à combustion interne, mais peut également inclure les piles à combustible de tout acabit. Le véhicule Némo étudié s'inscrit dans cette seconde catégorie.

2.2 - Généralités, véhicules électriques hybrides

Pour faire suite, il est utile de faire un survol des VEH en général et des différentes topologies qui dictent leur fonctionnement. Les véhicules hybrides ne sont pas une solution idéale, mais bien une sorte de « pont » pour réduire les inconvénients des véhicules actuels utilisant exclusivement un moteur à combustion interne, jusqu'à ce que la technologie progresse suffisamment pour permette la réalisation
 pratique de véhicules purement électriques, sans émissions polluantes ou dépendance aux hydrocarbures et présentant des performances comparables ou supérieures aux véhicules actuels.

L'idée maîtresse des véhicules hybrides est d'assembler les différentes technologies déjà à portée de main de façon à maximiser les avantages et combler les faiblesses de chaque composante individuelle, dans le but d'atteindre un objectif précis, qui est généralement de diminuer la consommation en carburant fossile du véhicule, ou dans tous les cas, sa consommation en énergie, de quelque source qu'elle soit.

La grande majorité des véhicules électriques hybrides utilisent deux sources d'énergie conjointement pour parvenir à leurs fins. Ces sources prennent généralement l'une des trois formes suivantes : un accumulateur d'énergie (batteries, condensateurs), une génératrice électrique à combustible (pile PEM, génératrice à essence) ou encore un moteur à combustion interne (couplé aux roues), dans le but ultime de propulser le véhicule. Lorsqu'un accumulateur quelconque présente également la possibilité d'être rechargé sur le réseau, on le désigne comme un hybride « plug-in ».

Notons déjà que le Némo modifié utilise trois sources distinctes d'énergie, soit une banque de batteries, une pile PEM à l'hydrogène ainsi qu'une génératrice électrique classique, modifiée pour consommer à la fois de l'essence et de l'hydrogène. On constate dès lors que le véhicule possède un accumulateur chimique et deux sources d'énergie combustibles, ce qui peut sembler redondant. En effet, la pile PEM et la génératrice remplissent des fonctions similaires, celle de recharger la banque de batterie et de générer du courant pour la propulsion.

La raison de cette structure est double : premièrement, tenter de faire une optimisation utilisant trois sources différentes a le potentiel de révéler des comportements et des résultats intéressants pour la recherche. Bien que cela ne soit pas directement étudié dans le présent travail, on peut facilement prévoir qu'en ajoutant divers paramètres, comme la température ou les conditions particulières au démarrage, les deux génératrices à combustible auront des comportements bien différents qui méritent d'être étudiés.

En second lieu, d'un côté plus terre-à-terre, le VEH étudié ici fut acquis par l'IRH dans le but précis de faire de la recherche et de servir de banc d'essai à une multitude de travaux : il était donc pertinent de le pourvoir d'une panoplie de composantes la plus large possible, afin de servir de plate-forme flexible à de multiples avenues expérimentales.

2.3 - Topologies

Le premier point à soulever lors de la conception d'un véhicule hybride est la topologie que celui utilisera, c'est-à-dire la structure d'assemblage de ses sources d'énergie vis-à-vis leur dénouement ultime, la propulsion. Il existe quatre grandes formes de topologies des VEH [6] [7] [8] qui sont répertoriées à travers la littérature, représentées à la (Fig. 2-1) ci-dessous, dont voici les grandes lignes.

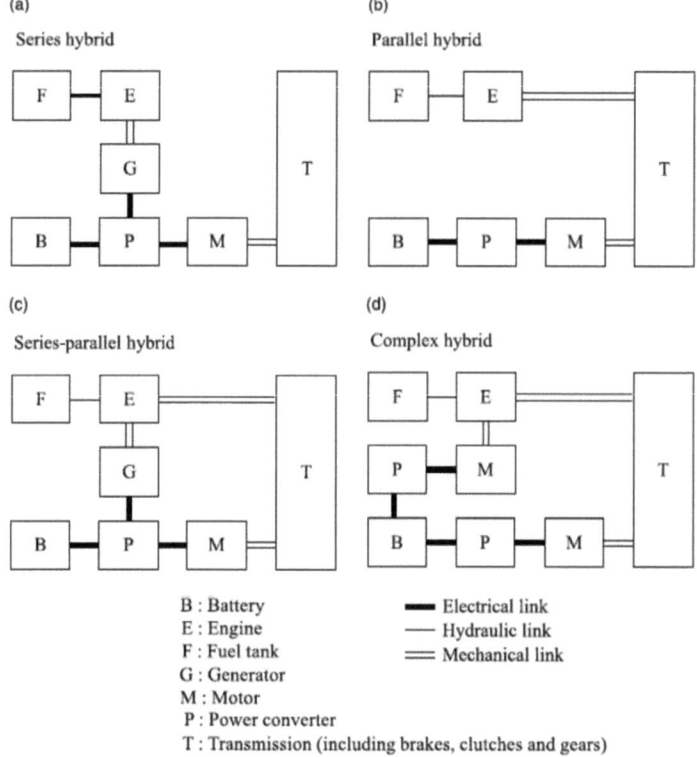

Figure 2-1. Classification des topologies des VEH [6]

2.3.1 - Série

La structure en série est la plus simple à réaliser, mais aussi la moins flexible et offre moins de possibilités quant à l'optimisation. Elle consiste en un arrangement où toutes les composantes du véhicule servent à générer de l'électricité, qui elle-même sert à exciter un moteur électrique. Cette hiérarchie est bien sûr intrinsèque aux piles à combustible, aux batteries et aux condensateurs, qui ne peuvent fournir de puissance sous une autre forme.

Par contre, toute forme de moteur à combustion interne dans cette topologie est couplée à une génératrice, qui fournit à son tour de l'électricité au système; aucun lien mécanique ne permet au moteur à combustion interne (MCI) de transmettre son couple, totalement ou en partie, directement aux roues motrices.

Le véhicule Némo étudié ici présente exactement ce type de topologie. Ceci permet quand même une certaine flexibilité au système, sans toutefois offrir les mêmes possibilités que les structures plus complexes qui suivent.

2.3.2 - Parallèle

La topologie parallèle, contrairement au modèle en série, permet à deux ou plusieurs mécanismes distincts de fournir un couple directement aux roues motrices. Ainsi, un système de composantes électriques (piles PEM, batteries, condensateurs, etc.) servira à alimenter un moteur électrique, qui fournira un couple aux roues; parallèlement, un moteur à combustion interne fournira aussi un certain couple à la même transmission mécanique.

Cette configuration permet évidemment beaucoup de flexibilité quant aux options de gestion d'énergie et fait l'objet de beaucoup d'études sous une multitude d'angles, dont le dimensionnement des composantes, le partage des charges ou encore les aspects économiques du principe. [9] [10] [11]

2.3.3 - Série-parallèle

Comme son nom l'indique, cette topologie est une combinaison des deux principes précédents et offre encore plus de flexibilité, au prix d'une complexité accrue. Il s'agit d'un arrangement parallèle où le moteur thermique est connecté à une génératrice électrique, en plus d'être connecté directement à la transmission et aux roues, et contribue donc au système électrique. Le système de gestion est alors libre de commander la quantité de couple devant passer aux roues, à la génératrice, ou aux deux à la fois.

Par contre, en plus de nécessiter un contrôle plus complexe, ce système s'accompagne de transmissions mécaniques complexes supplémentaires, ce qui a plusieurs désavantages pratiques, notamment au niveau du coût et de l'entretien.

2.3.4 - Complexe

Finalement, les topologies dites « complexes » regroupent tous les systèmes qui sortent du cadre des trois principales mentionnées ci-dessus. On y retrouve, par exemple, des systèmes où la génératrice électrique couplée au MCI peut également puiser dans l'énergie d'une source secondaire (batteries, piles, etc.) pour fournir un couple au moteur thermique et ainsi alléger sa charge.

Une multitude de croisements et reconfigurations similaires peuvent ainsi être réalisées; il n'appartient pas à cet ouvrage de les énumérer tous. Il est toutefois bon de mentionner que tous les systèmes ne cadrent pas nécessairement dans les trois catégories plus « classiques » et que même lorsqu'ils le font, chacun comporte des particularités propres qu'il est essentiel de considérer.

2.4 - Le véhicule Némo original

Voici donc la plate-forme sur laquelle sera basée toute l'étude du présent document, le véhicule électrique Némo (Fig. 2-2).

Figure 2-2. Le véhicule électrique Némo dans sa forme originale.

Ce véhicule, un petit utilitaire conçu par un intégrateur québécois, n'est pas, dans sa forme originale, un véhicule électrique *hybride*, mais un véhicule entièrement électrique, dont les spécifications figurent au Tableau

2-1 et en détail dans l'Appendice A. Outre son châssis, ses quatre roues et ses accessoires standards à tout véhicule moderne (chauffage de la cabine, phares, essuie-glaces, etc.), il est mû par un moteur électrique, lui-même alimenté par une banque de 9 batteries acide-plomb à décharge profonde de 8V branchées en série. Ce moteur est ensuite couplé directement aux roues par une transmission mécanique à rapport fixe. Il n'inclut donc aucune autre source de puissance que celle des batteries et ne possède aucun moyen efficace de se recharger (excluant l'appui de son freinage régénératif) autre que le branchement sur un réseau électrique externe.

Tableau 2-1. Spécifications originales du Némo

Physiques	
Dimensions	L 3,48m LA 1,52m H 1,90m
Pneus	175/70R13
Poids	896 kg
Charge maximale	453 kg
Performance	
Vitesse maximale	40 km/h
Accélération (0-40 km/h)	6,5s
Autonomie	115 km
Transmission	
Moteur	ACX-2043, 4,8 kW
Rapport de transmission	12,44:1
Batteries	
Banque de batteries	9 x 8V
Type de batteries	Acide-plomb, décharge profonde
Chargeur de batteries	1,3 kW

Dans sa forme initiale, il présente l'avantage de n'émettre aucune émission polluante et d'être en apparence très peu coûteux à utiliser. Par contre, il présente une autonomie réduite, un temps de recharge entre 6 et 12 heures, une vitesse limitée et, principalement, un problème majeur de durée de vie de sa banque de batteries qui sont largement à l'origine du présent travail.

La Figure 2-3 illustre l'architecture électrique du véhicule dans sa forme commerciale. Comme on le remarque, l'ensemble est relativement simple et comporte un chargeur, destiné à faire l'interface entre les batteries et le réseau électrique lors de la recharge. La banque de batteries, quant à elle, passe par un onduleur, qui transforme son courant continu en courant alternatif triphasé afin d'alimenter le moteur. Un ordinateur de bord, jumelé au convertisseur CC/3CA, agit à titre de contrôleur lors de l'opération du véhicule, traduisant les demandes du conducteur (pédale d'accélération) en puissance électrique à diriger au moteur.

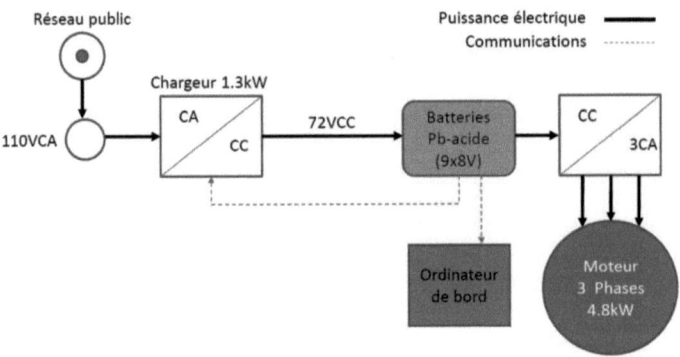

Figure 2-3. Architecture originale du Némo

2.4.1 – Le véhicule Némo modifié

L'intérêt de l'acquisition du Némo fut de l'utiliser comme banc d'essai pour les recherches sur les VEH et la gestion d'énergie à l'IRH. Dans cet objectif, il fut modifié par l'ajout d'une pile PEM à hydrogène; une génératrice à combustion interne, elle-même consommant un mélange d'essence et d'hydrogène, sera ajoutée dans un futur rapproché comme source d'énergie secondaire. Par contre, au moment de la rédaction de ces lignes, cet élément était toujours dans sa phase de construction.

Figure 2-4. Le véhicule électrique Némo modifié.

La Figure 2-4 ci-dessus montre une partie des modifications apportées au véhicule. On observe à l'arrière la cage de support de la pile PEM ainsi que le cylindre d'hydrogène gazeux servant à son alimentation.

La Figure 2-5 présente à son tour l'architecture du Némo, cette fois-ci après modifications. De prime abord, on constate que l'architecture originale du véhicule (Fig. 2-3) demeure présente malgré les différentes additions au système, une voie empruntée par souci de simplicité et d'économie, mais qui comporte certains désavantages.

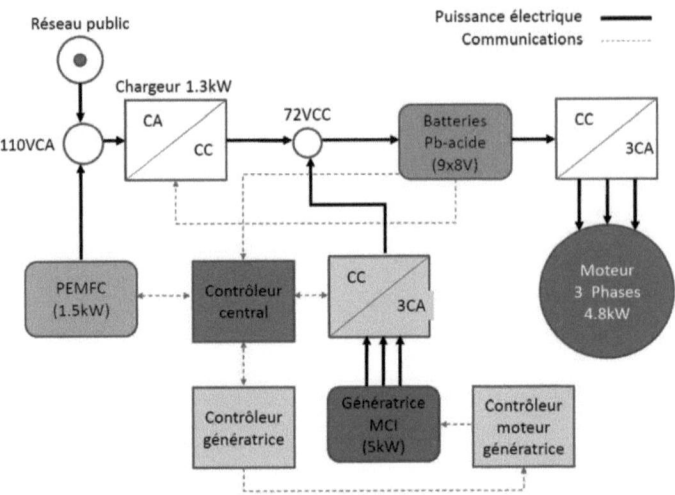

Figure 2-5. Architecture du Némo modifié

Principalement, la pile à combustible est branchée au circuit par le biais du chargeur de batteries, ce qui semble naturel étant donné qu'elle produit un courant alternatif de 110V, similaire au réseau électrique. Par contre, le chargeur de batteries étant d'une puissance à 1.3 kW, il agit comme limiteur de la pile, qui elle peut fournir jusqu'à 2.5 kW. La génératrice MCI, quant à elle, sera connectée directement à la banque de batteries, mais au prix d'une complexité accrue et d'un convertisseur additionnel.

2.5 - Freinage régénératif

Une particularité commune à tous les VEH est qu'ils comportent tous une composante électrique, au minimum un accumulateur et un moteur; c'est là tout l'intérêt de l'entreprise, qui vise à diminuer la dépendance aux MCI et aux hydrocarbures qu'ils consomment. Une façon simple et largement répandue de réduire cette consommation avec les composantes à bord est le freinage régénératif.

Cette technique consiste à permettre la circulation de puissance électrique dans les deux sens entre le moteur électrique et une forme de stockage quelconque, comme par exemple des batteries. Il suffit alors, lors du freinage du véhicule, de permettre au moteur électrique connecté aux roues motrices de fonctionner en sens inverse comme une génératrice et de recharger ses accumulateurs. Le couple ainsi produit ralentit le véhicule et récupère une partie de l'énergie du freinage, qui autrement serait dissipée en chaleur par les freins. Le Némo, dans sa forme commerciale, disposait déjà de cette capacité, donc elle se retrouve bien évidemment modélisée et considérée dans l'étude ici présentée.

Par contre, son existence tient simplement au fait que la transmission mécanique entre moteur et roues est fixe (sans embrayage ou position neutre), donc le moteur électrique agit à titre de génératrice lorsque l'inertie du véhicule l'entraîne plutôt que l'inverse. Ce système n'est nullement lié aux freins mécaniques du véhicule ou à tout autre dispositif de freinage régénératif « intelligent ».

2.6 - Batteries acide-plomb

Il est approprié de mentionner ici que cette technologie particulière de batterie fut utilisée pour la simple raison qu'elle faisait partie intégrante du véhicule lors de son acquisition. Toutes choses étant relatives, les batteries acide-plomb sont une technologie âgée, étant la première forme de batterie rechargeable commercialement viable [12]. Elles comportent certains avantages appréciables, comme une densité de puissance élevée due à leur capacité à débiter de forts *pics* de courant. Par contre, elles furent probablement un choix misant sur l'économie plutôt que sur la performance en raison de leur fragilité versus une panoplie de phénomènes présents dans le VEH. [13]

En effet, plusieurs configurations de cellules électrochimiques actuelles la surclassent en termes de performance et de robustesse, et il est raisonnable d'avancer que les problèmes de durabilité que le véhicule éprouve seraient en grande partie évités si les accumulateurs bénéficiaient d'une autre technologie, comme par exemple les populaires batteries au lithium-ion [14], ou encore si elles étaient assistées par une banque de super condensateurs [15]. Elles furent choisies à cause de leur faible coût initial et de leur disponibilité, qui reste malgré tout un facteur majeur dans toute entreprise de manufacture, mais un piètre juge de performance.

Les batteries acide-plomb, donc, sont d'une construction très simple, consistant en une série de plaques d'alliage de plomb, laissées propres (anode) ou recouvertes de dioxyde de plomb (cathode), baignant dans une solution aqueuse d'acide sulfurique, qui fait office d'électrolyte (Fig. 2-6).

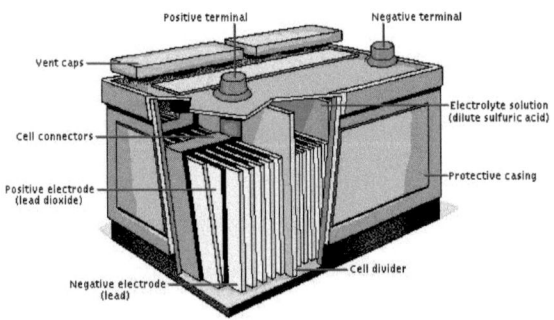

Figure 2-6. Batterie acide-plomb [21]

Lors de leur utilisation, une réaction chimique prend place, oxydant l'anode et réduisant la cathode, produisant par le fait même un déplacement d'électrons entre deux bornes, donc un courant électrique. Cette réaction étant réversible, les plaques reprennent leur composition lorsqu'un courant est plutôt imposé à la batterie (Fig. 2-7) [16].

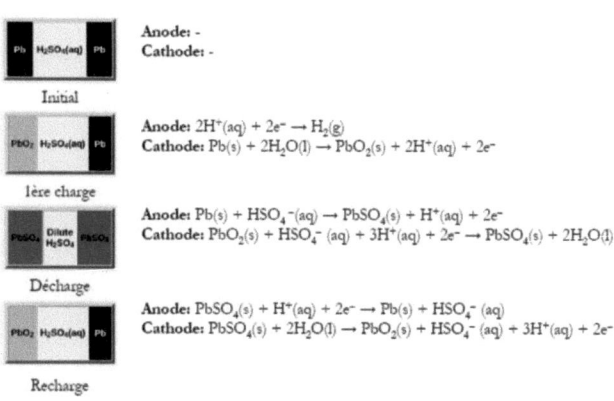

Figure 2-7. Chimie des batteries acide-plomb [21]

L'avantage de cette technologie est principalement son coût abordable et une puissance par unité de poids élevée, ce qui en fait une source de choix pour des applications de courte durée à haut courant, comme les démarreurs d'automobile. Par contre, elle comporte plusieurs désavantages sévères, incluant une sensibilité très forte à la profondeur de décharge, source du principal problème rencontré par le Némo.

Outre une panoplie d'améliorations et de spécifications commerciales propriétaires (acide gélifié, absorbé, recombinant, etc.) [17] [18] [19], deux classes principales de batteries acide-plomb sont proposées commercialement : les batteries utilisées pour les démarreurs d'automobile, qui fournissent un haut courant mais se dégradent rapidement à de fortes décharges, et celles dites à « décharge profonde », qui supportent plus de cycles de décharge mais à moindre courant. Les différences physiques entre les deux de résument essentiellement à l'épaisseur des plaques de plomb (Fig. 2-8) [20]. D'un côté, la configuration « démarreur » maximise la surface active des plaques selon divers procédés, comme par exemple la fabrication de plaques très minces, sous forme de grilles perforées ou même de « mousse » poreuse de métal, ce qui favorise une très forte réaction chimique, donc de forts courants, mais implique une fragilité proportionnelle.

L'inverse est vrai pour les configurations à « décharge profonde » qui maximisent plutôt la résistance de la matière active aux divers mécanismes d'usure tout en fournissant un courant comparativement moindre; leurs plaques sont beaucoup plus épaisses, et dans la majorité des cas, pleines. La résistance interne accrue et la surface active limitée résultent en une puissance instantanée réduite, cruciale pour les applications soudaines de démarrage mais pas pour les utilisations typiques auxquelles on les destine, comme les applications de traction de petits véhicules. Sur la Figure 2-8 ci-dessous, les batteries de type « démarrage » sont représentées par l'image de gauche, alors que celle de droite représente plutôt les cellules à décharge profonde.

Figure 2-8. Différences entre principes de construction de batteries [21]

À titre comparatif, lors de conditions d'utilisation cycliques à pleine décharge, les batteries dites de démarrage tolèrent approximativement 15 cycles, alors que les « décharge profonde » supportent plutôt 500 cycles et plus [21]. Étant donné le profil d'utilisation du Némo, celui-ci inclut bien entendu des batteries à décharge profonde.

Outre le phénomène de durée de vie limitée qui sera abordé en plus grand détail au *Chapitre 4 – Modèle de batterie acide-plomb*, les batteries acide-plomb sont définies par la dépendance de leur capacité (leur aptitude à stocker et retourner de l'énergie) au courant de décharge qui leur est imposé. Ce phénomène est décrit par le graphique de la Figure 2-9.

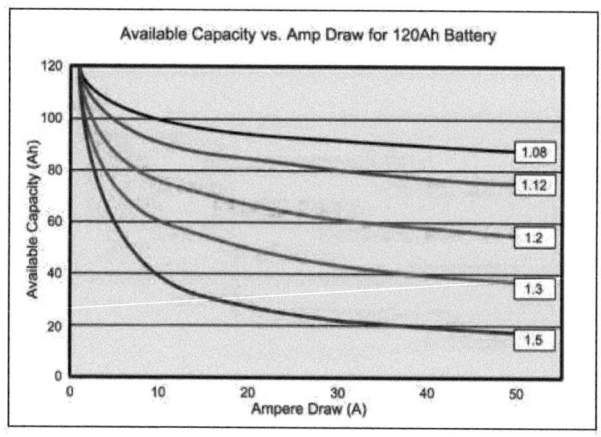

Figure 2-9. Capacité d'une batterie en fonction du courant de décharge
[21]

Théoriquement, on évalue ce comportement à l'aide d'une équation appelée la loi de Peukert (2.1) [22]. Le graphe de la Figure 2-9 présente un exemple de courbes de la même batterie selon plusieurs coefficients, dont une valeur près de 1 indique une batterie efficace, et vice-versa.

$$C_p = I^k t \qquad (2.1)$$

C_p = *capacité de la batterie (A*h)*
I = *courant de décharge (A)*
k = *constante de Peukert (n/a)*
t = *temps de décharge (h)*

Bien que l'approche soit différente, ce phénomène sera pris en compte dans la modélisation des batteries, tout en remédiant à ses faiblesses principales, notamment son omission des effets additionnels de la température, ainsi que le fait qu'à des courants très faibles, la capacité calculée augmente de façon irréaliste, jusqu'à tendre effectivement vers l'infini à des courants proches de zéro.

Il est utile ici de décrire la nomenclature et les particularités de notation concernant les batteries. Par exemple, en capacité, décharger une batterie de 100 Ah (*ampères heure*) à un courant de 10A fournira 10 ampères par heure pendant 10 heures. À noter ici que les deux valeurs (capacité et courant de décharge) sont interdépendantes et ne peuvent être prises individuellement. Donc, bien qu'on pourrait être enclin à croire que la même batterie de 100 Ah fournirait 5A pendant 20 heures, ou encore 20A pendant 5 heures, cette hypothèse est fausse. En réalité, la capacité totale dépend du courant de décharge imposé de façon non-linéaire, ce qui s'explique par les pertes par résistance interne et le comportement lent du procédé chimique, variables selon le courant. Dans l'exemple précédent, la batterie de 100 Ah @ 10A présenterait plutôt une capacité de 120 Ah à 5A, donc une durée de décharge de 24 heures, et inversement, 90 Ah à 20A, pour une durée totale de 4.5 heures.

Il est également bon de préciser la notation présente dans plusieurs graphes

(Fig. 4-3) et fréquemment ailleurs dans la littérature des fabricants, qui présente les régimes de décharge par des valeurs C_1, C_2, C_4, C_8 et C_{20}. Par exemple, la capacité C_8 indique la capacité de la batterie à un courant impliquant une décharge complète en 8 heures, à partir d'une charge entière. Ainsi, si une batterie a un C_8 de 160 Ah, on peut en déduire que le courant de décharge, maintenu pendant 8 heures, sera de 160 Ah / 8h = 20A. Cette notation est très répandue simplement en raison de sa meilleure assimilation par le grand public consommateur de batteries; un courant de 20 ampères ne représente pas grand-chose pour un utilisateur néophyte en génie électrique, mais un temps de décharge de 8 heures est plus facilement digestible et souvent applicable directement à la majorité des concepts.

2.6.1 – Mécanismes d'usure des batteries acide-plomb.

Un des problèmes majeurs du véhicule Némo, et dans une certaine mesure un des facteurs motivant cette recherche, est le problème de durée de vie de la banque de batteries du VEH. En effet, des rapports anecdotiques fournis par le fabricant indiquent une durée de vie aux alentours de 3 mois, ce qui est bien évidemment inacceptable pour un véhicule commercial. Dans cette optique, l'étude des phénomènes d'usure et de vieillissement des batteries acide-plomb fut partie intégrante des efforts de modélisation du véhicule.

La littérature sur le sujet est cependant quelque peu restreinte en raison de la complexité des phénomènes affectant la durée de vie de celles-ci. En effet, le comportement chimique, physique et électrique d'une batterie acide-plomb est très difficile à évaluer et dépend d'une multitude de facteurs qu'il est ardu de cerner. Bien que des modèles existent, ceux-ci souffrent tous du problème de la paramétrisation, car peu importe l'approche, l'isolation, l'expérimentation et la quantification des différents mécanismes d'usure s'avère longue, coûteuse et complexe (Fig. 2-10) [23] [24] [25].

Ce tableau illustre le problème en question. On y répertorie les principaux mécanismes d'usure des batteries, qui incluent :

- Sulphation du plomb des plaques
- Électrolyse de l'eau
- Stratification de l'électrolyte
- Évaporation de l'électrolyte
- Corrosion des plaques et des bornes
- Contraintes mécaniques, vibrations

Ces mécanismes sont responsables des pertes de performance de la batterie et de son éventuelle dégradation complète, au point où elle ne pourra plus emmagasiner de charge utile. Ces mêmes procédés sont aggravés et/ou allégés, selon des conditions particulières, par ces différents facteurs de stress, souvent de façon non-linéaire :

- Profondeur de décharge
- Intensité du courant
- Cycles de décharge
- Temps
- Température
- Historique d'utilisation de la batterie

	Corrosion of the positive grid	hard/ irreversible sulfation	shedding	water loss / drying out	AM degradation	electrolyte stratification
discharge rate	Indirect through positive electrode potential	higher discharge rate creates smaller AM sulphate crystals and leads to inhomogeneous current distribution causes inh. SOC on the electrode	probably increased shedding; outer AM fraction cycles at higher DOD level cycling (pasted plates)	none	increases inner resistance due to AOS-model (agglomerate of sphere)	Higher discharge rate reduces electrolyte stratification. On the other hand less homogeneous current distribution plays negative role.
time at low states of charge	Increased through low concentration and low potentials	A strong positive correlation: longer time at a low SOC accelerates hard/irreversible sulphation.	no direct impact	none	None	Indirect effect Longer time leads to higher sulphation and thus influences the stratification.
Ah throughput	no impact	no direct impact	impact through mechanical stress	no direct impact	loss of active material structure, larger crystals	A strong positive correlation. Higher Ah throughput leads to higher stratification
charge factor	a strong indirect impact because a high charge factor and an extensive charge is associated with a high charging voltages high electrode corrosion	negative correlation, impact through regimes with high charge factors which reduces the risk of sulphation	strong impact through gassing	strong impact	no direct impact	A strong positive correlation. Higher charge factor leads to lower stratification.
Time between full charge	Strong negative correlation, shorter time increases corrosion.	Strong positive correlation: Frequent full recharge decreases hard/irreversible sulphation.	A negative influence, increasing with decreasing time	A negative influence, increasing with decreasing time	no direct impact	A strong positive correlation. Higher Ah throughput leads to higher stratification
Partial cycling	An impact through potential variations (depends on frequency, SOC level, ..)	A positive impact. Higher Ah throughput at lower SOC increases sulphation. Partial cycling (f>1Hz) increases size of lead-sulfate crystals.	no direct impact However when the PC is of the minimal value, then the Ah throughout runs at very high SOC level and always to full recharge. It is also reflected by the time between full recharge.	no direct impact However when the PC is of the minimal value, then the Ah throughout runs at very high SOC level and always to full recharge. It is also reflected by the time between full recharge	no direct impact However certain partial cycling may cause a preferential discharge and faster AM degradation in certain AM fraction.	Higher partial cycling at lower SOC leads to higher stratification.
Temperature	Strong impact, positive correlation	On one hand high temperature helps to better fully recharge (more sulfate can be recharged). On the other hand high temp. leads to more hard sulfate build up at a low SOC.	no direct impact	increasing with increasing temperature	low impact high temperature degrades neg. electrode expanders	no direct impact

Figure 2-10. Mécanismes d'usure et facteurs de stress [23]

On comprend donc la complexité du problème à évaluer de façon précise l'usure d'une batterie, même dans un environnement bien contrôlé. Dans des conditions très variables, telles que celles rencontrées à bord d'un véhicule, la tâche s'avère comparativement plus complexe. De nombreux efforts furent réalisés en ce sens [23] [25], mais même les meilleurs modèles, lorsque confrontés à une légère déviation des conditions d'opération, peuvent surévaluer la durée de vie des batteries par un facteur de 2 ou plus [23].

Devant la difficulté inhérente à l'obtention des paramètres d'usure d'un modèle de batteries, il fut nécessaire d'utiliser les seules véritables données expérimentales disponibles, celles fournies par le manufacturier des batteries. En effet, la durée de vie étant un élément critique de la conception des batteries à décharge profonde, celles-ci font habituellement l'objet d'une caractérisation complète concernant un des principaux facteurs de durabilité, la profondeur de décharge. Ces batteries s'accompagnent d'un tableau issu de valeurs expérimentales, tel qu'illustré à la Figure 2-11.

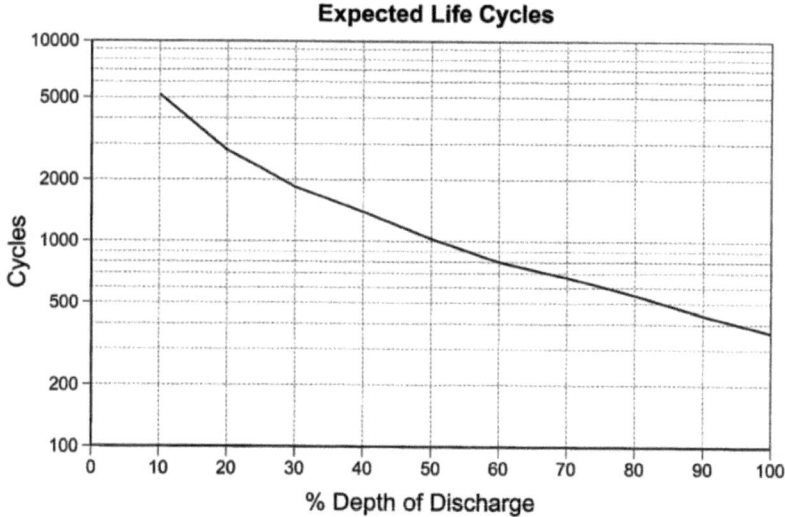

Figure 2-11. Effets de la profondeur de décharge sur la durée de vie des batteries [17]

Ceci indique bien le phénomène en jeu : plus on décharge profondément les batteries, plus leur durée de vie s'en trouve réduite. On définit la durée de vie par un nombre de « cycles » correspondant chacun à une décharge à la profondeur désignée, suivi d'une recharge complète; cette « profondeur de décharge », quant à elle, est décrite comme un pourcentage « dépensé » de l'énergie totale contenue dans la batterie pleinement chargée, à une température et un courant de décharge constants. Par exemple, la Figure 2-11 indique que si on « cycle » la batterie (décharge et recharge) à 10% de sa capacité, on peut répéter l'opération 5000 fois jusqu'à sa « mort », tandis que si on la décharge plutôt chaque fois à 50%, 1000 répétitions auront raison de la cellule. La mort de la batterie est atteinte lorsque la capacité de la batterie atteint 80% de sa capacité initiale [21] [24] [26].

Ces données sont extraites d'une série de mesures expérimentales réalisées par le fabricant, et il est facile de constater que des milliers de cycles de charge-décharge, dont chacun peut prendre plusieurs heures, répétés jusqu'à la mort de la batterie et conduits à au moins 10 paliers de profondeur de décharge, sont le fruit d'une procédure longue et coûteuse. De plus, bien que ces données soient vérifiables et reproductibles pour une batterie donnée, le phénomène d'usure ainsi observé est le résultat d'une combinaison de plusieurs mécanismes mentionnés ci-dessus qu'il est difficile, voire impossible d'isoler et de caractériser individuellement.

Cette sensibilité à la profondeur de décharge est bien entendu désastreuse pour le véhicule Némo de base, car en plus de se décharger complètement lors qu'une journée typique d'utilisation (plus souvent en-deçà de 3-4 heures), il ne possède aucun autre moyen de recharge que l'arrêt complet et le branchement au réseau. C'est pourquoi un des objectifs principaux de cette étude est donc d'inclure l'usure de ces batteries au module de gestion d'énergie, afin de maximiser leur durée de vie à un niveau acceptable.

Par ailleurs, le but de ce chapitre étant de présenter les technologies utilisées par le Némo, une description des autres batteries rechargeables disponibles (lithium-ion, nickel-cadmium, NiMH, etc.) et leurs avantages et inconvénients ne sera pas réalisée ici en profondeur. La littérature sur le sujet est facilement accessible et nombreuse [27] [28] [29], et le domaine suffisamment complexe pour qu'une revue exhaustive du sujet soit apte à combler les efforts d'un projet de recherche à part entière.

2.7 - Pile à combustible PEM

Outre les batteries, une pile à combustible à membrane électrolyte polymère (PEMFC, ou pile PEM) sera une des principales sources de puissance du véhicule. Cette technologie, qui fait actuellement l'objet de recherches intensives dans la majorité des universités, est l'un des espoirs les plus prometteurs comme élément de transformation d'énergie pour l'avenir. Étant de fabrication relativement simple et ne consommant que de l'hydrogène propre, elle semble tout indiquée pour une multitude d'applications, dont entres autres l'industrie du transport.

Son principe de fonctionnement est simple : un assemblage de plaques conductrices où circulent de l'hydrogène et de l'oxygène, séparés par une membrane de polymère permettant l'échange de protons. Les protons de l'hydrogène, séparés en ions H^+ par l'effet catalytique d'une anode à base de platine, passent à travers la membrane et vont se recombiner avec l'oxygène présent de l'autre côté, formant de l'eau. Les électrons libérés lors du passage voyagent par les plaques conductrices, produisant ainsi un courant électrique (Fig. 2-12) [30].

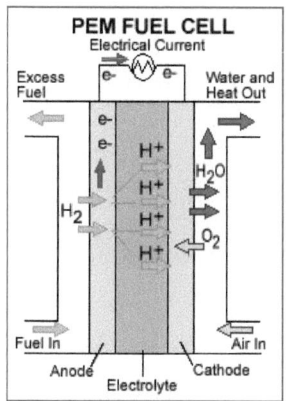

Figure 2-12. Schéma de fonctionnement d'une pile à combustible PEM [36]

Étant au cœur d'une majorité des efforts d'étude des VEH et l'IRH étant avant tout orienté vers la recherche sur l'hydrogène comme vecteur énergétique, le choix d'une pile PEM à bord du Némo était tout naturel. Celle-ci sera donc incluse au modèle développé ici, servant de source principale d'énergie pour alimenter le moteur électrique et recharger les batteries du véhicule.

2.8 - Génératrice à combustion interne

Finalement, comme source d'énergie supplémentaire, une génératrice à combustion interne commerciale sera ajoutée au système du Némo (Fig. 2-13). Bien qu'en apparence redondante à la fonction occupée par la pile PEM, son comportement diffère lors de diverses conditions d'utilisation du véhicule, comme par exemple au démarrage ou à des extrêmes de température. Pour ces raisons uniquement, il est intéressant de l'ajouter à l'étude.

Figure 2-13. Génératrice à combustion interne originale [53]

D'un côté plus terre-à-terre, il faut également rappeler la vocation de banc d'essai généraliste du Némo modifié : avoir une génératrice à bord ajoute une dimension et une flexibilité non négligeable au véhicule dans l'optique de la recherche. D'ailleurs, un premier exemple de cette facette est présent au départ, car la génératrice sera modifiée dans le cadre d'une autre étude pour consommer à la fois de l'hydrogène et de l'essence, dans le but de réduire sa consommation d'hydrocarbures (Fig. 2-14).

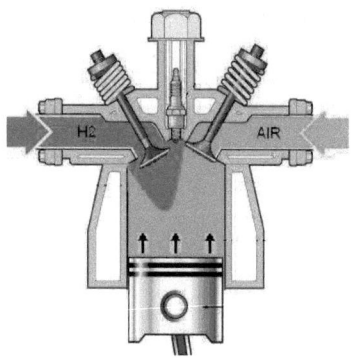

Figure 2-14. Modification proposée de la génératrice MCI

Aussi, bien qu'elle soit incluse dans le modèle de simulation, la génératrice modifiée est toujours en voie d'être adaptée au véhicule au moment d'écrire ces lignes. Elle ne figurera donc pas dans le volet expérimental de cette étude, mais sera présente dans le modèle.

2.9 – Conclusion

Ceci conclut la revue des technologies employées par le Némo et qui sous-tendent le reste de l'ouvrage ici présenté. Les bases de chacune des composantes pertinentes furent couvertes et expliquées dans des termes plus généralisés afin de mettre le lecteur en contexte, appuyées de références suivant chaque déclaration, tel que déclaré comme objectif primaire de ce segment.

La suite du travail, présenté au chapitre suivant, continue dans cette voie, mais se dirige du général vers le particulier. Les diverses théories et composantes présentées ici seront analysées plus en profondeur et décrites en équations mathématiques, afin d'être incorporées au modèle de simulation que ce travail vise à réaliser.

Chapitre 3 - Modèle théorique du Némo

La section suivante se concentre sur la formulation théorique et les équations du modèle Simulink® réalisé pour cette étude. Il s'agit ici de présenter la documentation, la formulation mathématique et toutes autres données techniques qui furent pertinentes à la réalisation du modèle.

Le but principal de cette section est de construire sur les théories générales présentées précédemment et de traduire celles-ci en une forme utile pour la modélisation. Outre les équations développées spécifiquement pour ce travail, plusieurs sont directement tirées de diverses sources bibliographiques, dont la référence accompagne ceux-ci; leur présentation détaillée ici est malgré tout nécessaire à titre de référence pour le développement de la suite de cet ouvrage.

3.1 – Modèle général

Il est pertinent de débuter par une description de la structure générale du modèle réalisé dans le cadre du projet, puis de poursuivre avec une description détaillée de chacun de ses modules. La Figure 3-1 ci-dessous illustre un diagramme de cette structure.

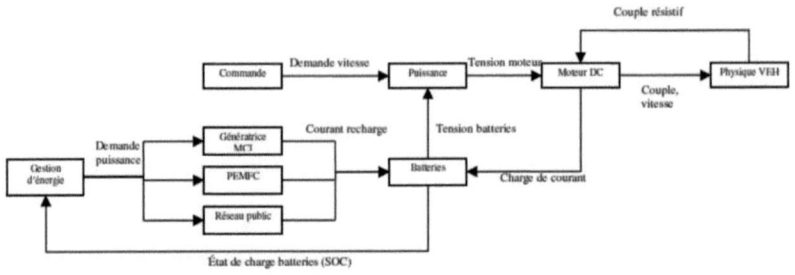

Figure 3-1. Diagramme de la structure du modèle

L'entrée du modèle est la demande de vitesse faite par le conducteur du véhicule, dans ce cas-ci sous forme d'un cycle de conduite prédéfini. Ce profil de vitesses est ensuite traduit en une demande de puissance électrique à diriger vers le moteur électrique, afin de propulser le véhicule et de répondre à la demande. Cette demande de puissance est transposée par un module intégré simulant un contrôleur PID et est ensuite divisée en deux parties distinctes.

Tout d'abord, la tension électrique est dirigée vers le moteur. Ce dernier crée un couple mécanique qui agit sur la transmission et les roues du véhicule afin de le propulser. Par contre, le véhicule possède plusieurs propriétés physiques et est soumis à une multitude de forces externes (masse, inertie, résistance de l'air, etc.), ce qui engendre un couple résistif que le moteur doit surpasser afin d'accélérer le Némo. Ces deux systèmes sont donc intrinsèquement liés dans une boucle : la demande de vitesse est traduite en tension, donc une plus grande tension d'entrée résulte en une plus grande demande d'accélération, ce qui nécessite un couple plus important pour déplacer le véhicule, ce qui résulte en une charge de courant accrue, donc une puissance électrique, équivalente à la charge mécanique.
La tension à l'entrée du moteur, quant à elle, est fournie par le module de

simulation de batteries acide-plomb. Cette dernière se situe nominalement aux alentours de 72 volts, mais varie beaucoup selon l'état de charge et le courant imposé aux batteries. Le contrôleur mentionné ci-dessus, quant à lui, agit à titre d'intermédiaire entre les batteries et le moteur en modulant cette tension, maintenant constante sa consigne de vitesse au moteur malgré l'instabilité de la tension des batteries.

La banque de batteries, le contrôleur et le moteur sont également interdépendants et liés en une boucle. Le contrôleur impose une tension, modulée de 0 à 100% à partir de celle fournie par les batteries, au moteur électrique. Ce moteur, conjointement au module physique du véhicule, calcule la puissance électrique nécessaire pour répondre à la demande; la tension étant connue, une charge de courant correspondante en est déduite. Cette charge de courant, à son tour, est imposée aux batteries, simulant ainsi leur décharge et affectant du même coup leur tension de sortie. Le contrôleur compense ainsi cette variation de tension afin de maintenir sa consigne de vitesse, et le cycle se répète.

Le module de batteries, quant à lui, accepte comme entrée le courant imposé par le moteur et la température ambiante, et retourne la tension et son état de charge. Comme le projet est centré sur la gestion de l'usure de batteries, celui-ci inclut un module visant à évaluer sa dégradation au fil du temps et de ses conditions d'utilisation.

Finalement, afin de gérer l'usure des batteries, qui sont fortement dépendantes de la profondeur de décharge, trois modules additionnels, représentant la génératrice à combustion interne, la pile à combustible PEM et le réseau électrique, furent ajoutés afin de recharger les batteries en leur imposant un courant positif selon le besoin. Ces trois modules, construits autour des données fournies par leurs fabricants respectifs, sont gérés par un module de gestion d'énergie, qui se charge d'utiliser ces différentes sources de façon optimale afin de minimiser les coûts d'opération du véhicule. Ces coûts d'opération, en plus de considérer la dépense de carburant/d'électricité du réseau, affectent un coût à l'usure calculée des batteries et l'utilisent dans le processus d'optimisation, tel que cela sera démontré au *Chapitre 7 – Introduction à la gestion d'énergie*.

3.2 - Hypothèses de départ

Il est utile avant de présente le modèle de résumer les hypothèses et simplifications qui durent être appliquées, ainsi que les raisons les justifiant. Certaines de celles-ci furent mentionnées dans une forme ou l'autre au cours des segments précédents, mais il est essentiel de les résumer explicitement à cette étape.

3.2.1 – Le modèle physique du véhicule utilise une approche macroscopique

Le modèle physique du véhicule Némo fut réalisé avec certaines simplifications, car il fut déterminé qu'un modèle très complexe ne servirait pas mieux les intérêts du projet et que sa précision est suffisante avec sa formulation actuelle.

- Les paramètres considérés sont l'inertie des roues et de la masse du véhicule, la résistance de l'air, la dynamique du terrain (les pentes), les pertes en friction dans la transmission, roulements des essieux et

dans les pneus. Le comportement du modèle ainsi réalisé convient aux besoins de l'étude, comme on le verra lors de sa présentation.
- Plusieurs paramètres additionnels incluant le frottement visqueux, les pertes multiples par friction dans toutes ses composantes mobiles, les effets de la température, les vibrations, les phénomènes électriques pointus agissant dans le moteur, etc. furent ignorés en raison de leur complexité et de leur apport jugé non-essentiel à la réalisation de l'étude.

3.2.2 – Le moteur électrique modélisé est un moteur à courant continu

Inclus dans le modèle physique du véhicule se trouve un moteur électrique CC. Celui-ci fut programmé en suivant une formulation simple. Le véhicule utilise en réalité un moteur CA triphasé. Cependant, comme son rôle dans le modèle est uniquement de fournir, suite à une consigne de vitesse, un couple destiné au module physique et une charge correspondante de courant à imposer aux batteries, un modèle de moteur CC fut déterminé adéquat pour cette tâche, plus simple à réaliser et surtout à paramétrer afin de cadrer le modèle sur la réalité de façon satisfaisante.

- Le modèle représente un moteur électrique à courant continu (CC).
- Le modèle utilise des équations simples mais précises, de façon à fournir un comportement suffisamment proche de la réalité pour les besoins du projet.
- Les phénomènes plus complexes prenant place dans un moteur électrique furent exclus de l'étude pour les mêmes raisons, elles

n'ajoutaient que peu de précision supplémentaire pour les besoins du travail.

3.2.3 – Les composantes multiples ne sont pas modélisées individuellement

Point intéressant à mentionner, en particulier pour les chercheurs inclinés à la modélisation physique plus poussée :

- Les composantes multiples sont modélisées par une multiplication du même modèle. Par exemple, pour une banque de 9 batteries, on utilise les résultats du modèle d'une batterie unique, multiplié par 9. Le frottement aux 4 roues du véhicule est représenté de la même façon.

3.2.4 – Les modèles doivent être validables expérimentalement

Le modèle construit sur la plate-forme informatique sera paramétré par divers essais expérimentaux, dont la procédure et les résultats seront détaillés dans la section appropriée. Ceci entraîne par contre certaines implications :
- Le comportement mécanique du véhicule sera détaillé par une série d'essais routiers et de tests dynamométriques, et non par des tests contrôlés sur les composantes individuelles. Une variété de paramètres externes (vent, température, surface de la route, banc d'essai dynamométrique, etc.) viendra ajouter du bruit aux lectures qu'il sera impossible d'éliminer complètement.

- Les paramètres théoriques qu'il sera impossible de quantifier expérimentalement de façon satisfaisante seront évités.

3.3 - Physique du véhicule

Ici débute la description concrète des équations et documents qui furent utilisés dans l'élaboration du modèle. D'abord, la formulation des différentes composantes du modèle physique du véhicule sera détaillée, qui sera suivie de près par les modèles des différents vecteurs énergétiques présents à bord.

3.3.1 – Équations générales

Cette formulation exprime l'ensemble des forces externes s'appliquant sur le véhicule lors de son utilisation [31]. Les termes se retrouvent illustrés à la Figure 3-2 et le détail de chacune des forces se retrouve dans les paragraphes suivants.

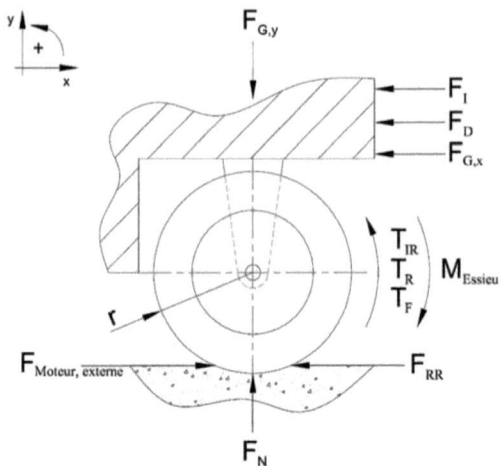

Figure 3-2. Diagramme de corps libre du véhicule

À l'équilibre :

$$\sum F_x = 0 \tag{3.1}$$

$$F_{moteur, externe} = F_I + F_D + F_{G,x} + F_{RR} \tag{3.2}$$

$F_{moteur, externe}$ = *force externe générée par le moteur (N)*
F_I = *force de l'inertie (N)*
F_D = *force de résistance de l'air (N)*
$F_{G,x}$ = *force de gravité parallèle au sol (N)*
F_{RR} = *force générée par le frottement pneus-route (N)*

$$\sum M_z = 0 \tag{3.3}$$

$$M_{essieu} = (F_I \times r) + (F_D \times r) + (F_{G,x} \times r) + (F_{RR} \times r) + T_{IR} + T_R + T_F \tag{3.4}$$

M_{essieu} = *couple externe généré par le moteur à l'essieu (N*m)*
r = *rayon de la roue (m)*

T_{IR} = *couple du moment d'inertie des roues (N*m)*
T_R = *couple généré par la friction des roulements (N*m)*
T_F = *couple généré par le freinage (N*m)*

Les équations (3.1-3.4) illustrent donc les forces externes auxquelles le véhicule est soumis lors de son utilisation, transférées en couple de torsion à l'essieu (3.4). Par contre, il nous est nécessaire de déterminer le couple directement à la sortie du moteur électrique, afin de pouvoir clore le circuit de transmission de puissance mécanique jusqu'au réseau électrique du véhicule. La Figure 3-3 ci-dessous illustre la suite de ce circuit, de l'essieu des roues jusqu'au moteur, et au-delà pour la totalité du véhicule.

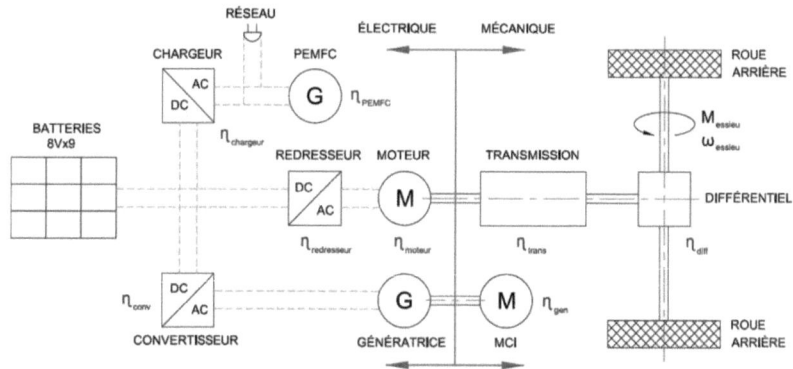

Figure 3-3. Diagramme du rendement composé du véhicule

$$M_{essieu} = M_{moteur} \times \eta_{mécanique} \qquad (3.5)$$

$$\eta_{mécanique} = \eta_{diff} \times \eta_{trans} \qquad (3.6)$$

M_{moteur} = *couple à la sortie du moteur (N*m)*
$\eta_{mécanique}$ = *efficacité du train mécanique (n/a)*
η_{diff} = *efficacité du différentiel (n/a)*

η_{trans} = *efficacité de la transmission (n/a)*

Les paragraphes qui suivent décrivent plus en détail les forces individuelles et les couples agissant sur le VEH. Les paramètres dont la valeur est inconnue seront déterminés expérimentalement dans la section appropriée du *Chapitre 6 - Caractérisation expérimentale du modèle de VEH*.

3.3.2 - Inertie des roues

L'inertie des roues représente ici la force de torsion nécessaire pour accélérer une masse autour d'un axe de rotation. Comme les dimensions des roues et leur masse sont connues, il fut simple de compiler cette variable par les équations suivantes [31] :

$$I_Z = \frac{1}{2} m_r r^2 \tag{3.7}$$

I_Z = *moment d'inertie de la roue dans l'axe Z (kg*m²)*
m_r = *masse de la roue (kg)*
r = *rayon de la roue (m)*

$$T_{IR} = I_Z \alpha \tag{3.8}$$

T_{IR} = *couple du moment d'inertie des roues (N*m)*
I_Z = *moment d'inertie de la roue dans l'axe Z (kg*m²)*
α = *accélération angulaire de la roue (rad/s²)*

3.3.3 - Inertie du véhicule

L'inertie du véhicule est compilée de façon tout aussi élémentaire, en appliquant directement la deuxième loi de Newton [31]. Notons que la masse utilisée ici comporte deux composantes distinctes, celle du véhicule et celle de sa charge utile maximale. La force résistant à l'accélération est alors multipliée par le rayon des roues, traduisant le couple appliqué à la transmission du véhicule.

$$F_I = m_v a \tag{3.9}$$

F_I = force de l'inertie (N)
m_v = masse totale du véhicule (kg)
a = accélération linéaire du véhicule (m/s^2)

$$T_I = F_I \times r \tag{3.10}$$

T_I = couple généré (N*m)
F_I = force perpendiculaire à l'axe de la roue (N)
r = rayon de la roue (m)

3.3.4 - Résistance aérodynamique

La résistance de l'air est un phénomène un peu plus complexe, variant en fonction de la vitesse du véhicule et dépendant de phénomènes non-linéaires relevant de la mécanique des fluides. Heureusement, comme le paramètre est à la base de toute conception de véhicule, l'industrie a eu tôt fait de simplifier son application en une formule unique incluant un coefficient empirique, unique à chaque véhicule, qui illustre l'ensemble de ces phénomènes avec une précision plus que suffisante. [32]

$$F_D = \frac{1}{2}\rho v^2 C_D A \qquad (3.11)$$

F_D = *force de résistance de l'air (N)*
ρ = *masse volumique de l'air (kg/m³)*
v = *vitesse du véhicule (m/s)*
C_D = *coefficient de résistance de l'air (n/a)*
A = *aire frontale du véhicule (m²)*

Ce coefficient de résistance est évalué empiriquement à l'aide de plusieurs tests; par contre, une foule de ces derniers sont répertoriés dans la littérature [32], donc la valeur de base utilisée sera celle qui conviendra le mieux au profil du Némo, pour ensuite être réévaluée par des tests expérimentaux décrits dans le *Chapitre 6 – Caractérisation expérimentale du modèle de VEH*.

3.3.5 - Dynamique du terrain

La composante de dynamique du terrain se charge de modéliser l'effet de la gravité sur le véhicule durant l'ascension et la descente de pentes. Il s'agit ici de tenir compte de l'angle auquel se trouve le véhicule vis-à-vis un terrain « plat » et de calculer la composante de la force gravitationnelle qui agit contre/avec le mouvement de celui-ci.

$$F_G = m_v g \times \sin(\theta) \qquad (3.12)$$

F_G = force de gravité parallèle au sol (N)
m_v = masse totale du véhicule (kg)
g = accélération gravitationnelle (9.81 m/s^2)
θ = angle de la pente (degrés)

3.3.6 - Friction des roulements

Encore ici l'application d'un concept élémentaire de mécanique, la masse du véhicule est répartie aux roues du véhicule et multipliée à la constante de frottement des roulements des essieux [32]. À noter que seulement le poids du véhicule s'appuie sur les essieux, et non le poids des roues, qui doit être soustrait au total.

$$F_R = (m_v - m_r) g \mu_R \qquad (3.13)$$

F_R = force générée par le frottement (N)
m_v = masse totale du véhicule (kg)
m_r = masse des roues du véhicule (kg)
g = accélération gravitationnelle (9.81 m/s^2)
μ_R = coefficient de frottement des roulements (n/a)

$$T_R = F_R \times r_e \qquad (3.14)$$

T_R = couple généré par la friction des roulements (N*m)
F_R = force perpendiculaire à l'axe de la roue (N)
r_e = rayon de l'essieu (m)

Il est important de noter également que le couple imposé à la transmission par ce frottement est calculé en utilisant (3.10), à la différence que le rayon utilisé est celui de l'essieu et non de la roue du véhicule (3.14). De plus, bien que ce paramètre soit pris en compte par le modèle, les forces résistantes qu'il génère par rapport au véhicule sont très faibles, voire négligeables.

3.3.7 - Friction des pneus sur la route

La friction de roulement entre les pneus et la route est un des paramètres majeurs de l'économie d'énergie de véhicules routiers [33], il est donc crucial de l'inclure dans le modèle proposé [31]. Son mécanisme est différent de la friction dynamique ou statique entre deux surfaces et tient plutôt aux déformations imposées par la masse du véhicule à la route et aux pneus. Cette déformation étant asymétrique et concentrée vers la direction du déplacement (Fig. 3-4), elle crée un déséquilibre dans le système, et par conséquent une force de direction opposée au mouvement. Dans cette figure, W représente le poids imposé à la roue, R réaction résultante au sol, F la force asymétrique correspondante à fournir et r le rayon de la roue.

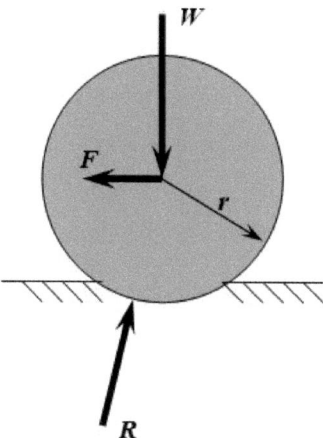

Figure 3-4. Schéma du frottement pneu-route

$$F_{RR} = mg\mu_{RR} \qquad (3.15)$$

F_{RR} = *force générée par le frottement pneus-route (N)*
m = *masse totale du véhicule (kg)*
g = *accélération gravitationnelle (9.81 m/s²)*
μ_{RR} = *coefficient de frottement des pneus (n/a)*

À noter qu'en raison des dimensions minuscules des déformations et des angles en cause, la pratique d'usage est d'approximer cette force par un coefficient et une force perpendiculaire à la surface de la route, sans pour autant engendrer d'imprécision significative [34].

3.3.8 – Transmission mécanique

La transmission à rapport fixe du véhicule fut modélisée le plus simplement possible, en multipliant le couple et divisant la vitesse de rotation du moteur vers les roues, et vice-versa pour les forces externes vers le moteur (3.16), par le rapport de réduction de 12.44 :1 (Tableau 2-1). De plus, une valeur d'efficacité fut ajoutée pour illustrer les pertes générées par ses engrenages, évaluée à 95%, donc environ 1% de pertes par couple d'engrenages, tel que prescrit dans la littérature (3.17).

$$P_{in} = \frac{\omega_{in}}{12.44} \times (T_{in} \times 12.44) \tag{3.16}$$

$$P_{out} = P_{in} \times \eta_{trans} \tag{3.17}$$

P = puissance (W)
ω = vitesse de rotation (rad/s)
η$_{trans}$ = efficacité de la transmission (n/a)
$_{in}$ = entrée du système
$_{out}$ = sortie du système

3.3.9 – Freinage

Un module intégré de contrôleur PID est utilisé dans le modèle général afin de traduire la consigne de vitesse en tension électrique à appliquer au moteur. Ceci couvre de façon satisfaisante tous les besoins d'accélération du modèle, car ce contrôleur peut moduler, par un facteur de 0 à 1, la tension fournie par les batteries. Par contre, ceci devient un problème lors des demandes de décélération, car il ne possède aucun moyen de freiner le véhicule. Son comportement naturel, sans cette limite imposée de 0 à 1, est d'imposer une tension négative au moteur, inversant son couple et sa rotation : cette façon de faire est, bien que possible dans certaines configurations, incompatible avec la réalité du Némo, et le modèle est limité en conséquence.

Évidemment, il est impossible au modèle de suivre un quelconque cycle de conduite si le seul moyen de freinage est de laisser les forces externes et la friction freiner son élan. Le problème du freinage fut approché de la façon suivante, tel que représenté par les équations (3.18-3.19).

$$\frac{dv}{dt} < 0 = frein(0 \rightarrow 1) \tag{3.18}$$

$$T_F = frein \times T_{frein,cte} \tag{3.19}$$

v = *consigne de vitesse (km/h)*
T_F = *couple de freinage appliqué (N*m)*
$T_{frein,\ cte}$ = *couple maximal de freinage (N*m)*
frein = *paramètre d'activation du couple de freinage (0-1)*

La consigne de vitesse est dérivée par (3.18), ce qui indique sa variation dans le temps. Lorsque celle-ci est positive, cela indique une accélération, donc le système opère normalement. Lors d'une dérivée négative, donc une décélération, le contrôleur est limité à l'arrêt et n'a plus aucun effet sur le système; la tension envoyée au moteur est alors nulle. Par contre, la valeur de cette dérivée est traduite en un paramètre *frein*, variant de 0 à 1 selon l'intensité de la décélération. Ce paramètre est ensuite multiplié par un couple de freinage à valeur constante (3.19), ajusté par essai-erreur afin d'obtenir une réponse satisfaisante du système aux profils de conduite imposés.

Ceci résulte effectivement en un couple de freinage, modulé en fonction de la décélération requise, qui est additionné au reste des forces externes appliquées au véhicule (3.4), et les résultats de simulation présentés au chapitre 3 démontrent son efficacité. À noter également que ce couple s'applique seulement à « ralentir » le véhicule jusqu'à l'arrêt : il ne crée ni couple négatif (à reculons) et ne bloque pas le retour du courant régénératif lors des pentes de décélération du signal de consigne.

3.3.10 - Moteur CC

Le moteur CC modélisé (Fig. 3-5) fut réalisé en utilisant les fonctions de base associées à son fonctionnement, tel que présentées dans la littérature [35]. Voici leur développement appliqué au modèle.

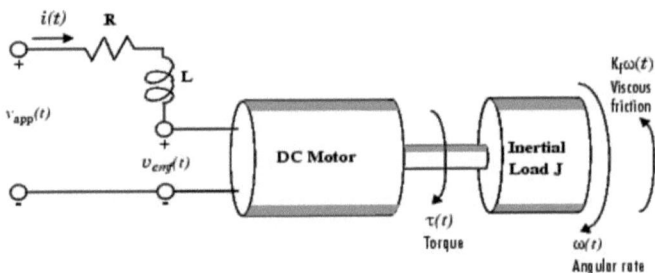

Figure 3-5. Schéma du moteur CC

$$\frac{di}{dt} = \frac{V}{L} - \frac{R}{L}i - \frac{K_\phi}{L}\omega \qquad (3.20)$$

$$j\frac{d\omega}{dt} + b\omega + T_{mec} = K_\phi i \qquad (3.21)$$

i = *courant instantané (A)*
V = *tension (V)*
L = *inductance de l'armature (H)*
R = *résistance de l'armature (Ω)*
K_ϕ = *constante électromagnétique (V*s/rad)*
ω = *vitesse angulaire (rad/s)*
J = *moment d'inertie de la charge (kg*m^2)*
b = *friction visqueuse (n/a)*
T_{mec} = *couple de charge du moteur (N*m)*

À noter qu'en plus de la friction visqueuse et du moment d'inertie de la charge inclus dans (3.20-3.21), le couple total généré par les différentes forces externes sur le véhicule fut imposé au moteur, tel qu'il se produit dans la réalité du véhicule, par le biais de la transmission mécanique. Ceci présente l'effet additionnel de simuler le freinage régénératif présent dans le véhicule, car lorsque les forces d'inerties du véhicule imposent un couple au moteur plutôt que l'inverse, un courant de recharge est produit.

Bien entendu, le choix d'un modèle de moteur CC plutôt qu'un moteur CA tel qu'inclus dans le Némo implique une grande part de simplifications et une marge d'erreur non négligeable dans le comportement du modèle versus la réalité. Ce choix fut fait en raison de sa simplicité à modéliser et sa rapidité de calcul. De plus, comme les données disponibles sur le moteur CA réel sont peu nombreuses (Appendice A-5), une modélisation précise aurait de toute façon été difficile avec les moyens alloués au projet.

La simplicité du modèle choisi fut déterminée comme convenable compte tenu de l'accent du projet sur les batteries acide-plomb plus que sur les comportements fins du véhicule. En effet, comme le moteur n'a comme rôle que de traduire les puissances mécaniques du véhicule en équivalents électriques auxquelles sont soumises les batteries, le modèle simple de moteur CC remplit adéquatement cette fonction. Bien entendu, les développements futurs du modèle auraient avantage à inclure un moteur CA complet, mais pour les raisons mentionnées ici, cette modifications sera reportée à des travaux ultérieurs.

3.4 - Systèmes électriques de puissance

Cette partie du modèle s'intéresse à tous les composants de génération et de transfert de puissance électrique inclus dans le VEH. Elle inclut donc les différents convertisseurs CC/CC et CA/CC, la pile à combustible PEM, la génératrice à combustion interne ainsi que le composant principal de l'étude, la batterie acide-plomb.

3.4.1 – Équations générales

Le composant central du système, la banque de batteries acide-plomb, impose sa tension électrique au reste du système. Ainsi, pour permettre une recharge, la tension des autres composantes soit être légèrement supérieure à sa propre tension, ce qui est accompli par l'interface de convertisseurs CA/CC.

Les cellules de batterie se chargent et se déchargent donc en fonction du courant qui leur est imposé. Afin de déterminer ce courant, les équations suivantes sont nécessaires (3.22-3.24). Ces dernières furent également schématisées à la Figure 3-6.

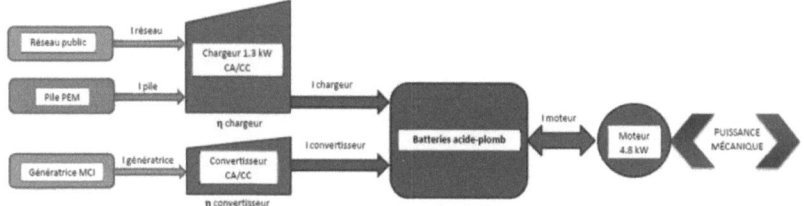

Figure 3-6. Schéma des systèmes électriques

$$I_{batteries} = I_{moteur} - I_{ch\arg eur} - I_{convréseau} \qquad (3.22)$$

$$I_{ch\arg eur} = (I_{réseau} + I_{pile}) \times \frac{V_{in}}{V_{out}} \times \eta_{ch\arg eur} \qquad (3.23)$$

$$I_{convertisseur} = I_{génératrice} \times \frac{V_{in}}{V_{out}} \times \eta_{convertisseur} \qquad (3.24)$$

I = courant (A)

V = tension (V)

$_{in}$ = entrée du système

$_{out}$ = sortie du système

$_{chargeur}$ = chargeur de batteries intégré au Némo

$_{convertisseur}$ = convertisseur CA/CC de la génératrice

$_{batteries,\ moteur,\ chargeur,\ réseau,\ pile}$ = composante correspondante

Simplement une somme de tous les courants du système, pour peu qu'ils soient à une tension suffisante, qui auront l'effet de charger ou décharger la batterie. Comme l'indique l'équation (3.22), cette dernière est modélisée de façon à se décharger avec un courant positif, et vice-versa. À noter que les courants mesurés sont ceux à la sortie des convertisseurs associés à chaque composante, après la réduction de tension typiquement imposée pour correspondre aux batteries (3.27-3.29).

3.4.2 – Pile à combustible PEM à hydrogène

La pile PEM modélisée dans cette simulation utilise directement la formule de la courbe de polarisation standard d'une pile de ce type (Fig. 3-7). Cette équation, même dans sa forme simplifiée, inclut une majorité des paramètres qui influencent son comportement et offre une flexibilité et une précision largement adéquate pour l'étude en cours. [36]

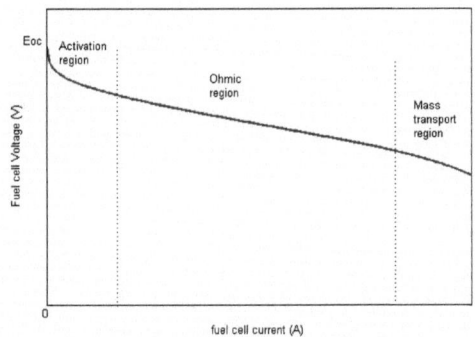

Figure 3-7. Courbe de polarisation d'une pile PEM [36]

$$E_{cell} = E_{r,T,P} - \frac{RT}{\alpha F}\ln\left(\frac{i+i_{loss}}{i_0}\right) - \frac{RT}{nF}\ln\left(\frac{i_L}{i_L-i}\right) - iR_i \qquad (3.25)$$

E_{cell} = tension de la cellule (V)
$E_{r,T,P}$ = tension réversible selon température et pression (V)
R = constante des gaz parfaits (8.314 J/mol*K)
T = température de la cellule (K)
α = coefficient de transfert (n/a)
F = constante de Faraday (96.485 C/mol)
i = densité de courant de la cellule (A/cm^2)

i_{loss} = *perte de courant (A/cm²)*
i_0 = *courant d'échange de référence (A/cm²)*
n = *nombre d'électrons impliqués dans la réaction*
R_i = *résistance interne (Ω/cm²)*

Les paramètres utilisés dans (Eq. 3.25) proviennent du profil d'une courbe typique de pile PEM [36]. Une caractérisation complète de la pile PEM à bord du Némo, qui à ce jour n'a pas été réalisée, est nécessaire pour ajuster la courbe de façon plus fidèle à celle-ci. Pour les besoins du travail, les paramètres de base de la littérature [36] seront donc utilisés par défaut.

En ce qui concerne les paramètres de puissance et de courant électrique, une approche très simple fut choisie. L'équation suivante (3.26) résume cette technique élémentaire.

$$I = \frac{P}{V} \qquad (3.26)$$

I = *courant (A)*
P = *puissance (W)*
V = *tension (V)*

Donc, en connaissance de la puissance nominale de la pile de 1.5 kW, et sachant que celle-ci opère (via son propre convertisseur CC/CA interne, voir en Appendice A-4) à une tension continue mais similaire au réseau public de 110V [37], il fut simple de déterminer le courant débité par la pile lors de son utilisation, soit d'environ 13.6A selon la tension exacte.

Pour les besoins de ces travaux, la pile sera utilisée en mode binaire arrêt/marche, et sera modélisée simplement à l'aide de la relation de (3.26), donc à courant presque fixe, sans s'attarder au débit d'hydrogène consommé pour le calcul de puissance proprement dit. Les données techniques de la pile, incluant sa consommation en hydrogène en opération normale, sont présentées dans l'Appendice A-4 et seront utilisées afin de déterminer la consommation de carburant dans ce mode en vue du calcul de gestion d'énergie.

À noter cependant qu'un capteur de courant ainsi que de débit d'hydrogène furent ajoutés à la pile, et les valeurs mesurées lors de l'expérimentation présentée au *Chapitre 6 – Validation expérimentale de modèle de VEH* confirment effectivement la validité de ces valeurs.

3.4.3 – Génératrice à combustion interne

Le modèle utilisé, très simple, utilise exactement le même principe que pour la pile à combustible (3.26). De la même façon, les données du fabricant détaillent la puissance, la tension et le courant fournis par la génératrice de façon continue. Ainsi, cette dernière développe 5 kW à une tension CA de 120V, donc le courant stable qu'elle apporte au système est d'environ 41.7A.

Outre les instants suivant le démarrage ou les conditions extrêmes d'opération, ces données, disponibles en Appendice A-3, sont considérées fiables et suffisantes pour les besoins du projet. En bref, ces fiches possèdent également des données utiles sur la consommation de carburant du moteur thermique à différents régimes, qui seront utilisées directement lors de l'élaboration d'un modèle économique destiné à l'optimisation.

3.4.4 – Réseau électrique public

Cette composante fut modélisée aussi simplement que les deux précédentes. Le réseau public fonctionne à une tension efficace alternative de 110 V, et la puissance qu'il peut fournir au système est limitée à 1.3 kW par le chargeur de batteries, dont les paramètres figurent en Appendice A-7. Le courant de recharge de la pile de 11.81 A fut facilement extrait à partir de (3.26) et de ces informations.

3.4.5 – Convertisseurs CA/CC

Deux convertisseurs additionnels figurent dans l'architecture modifiée du Némo (Fig. 2-5) utilisée ici : le chargeur de batteries et le convertisseur à l'interface entre les batteries et la génératrice MCI. Dans tous les cas, les convertisseurs utilisent la séquence d'équations suivante (3.27-3.29).

$$P_{in} = V_{in} \times I_{in} \tag{3.27}$$

$$P_{out} = P_{in} \times \eta_{conv} \tag{3.28}$$

$$I_{out} = \frac{P_{out}}{V_{out}} \tag{3.29}$$

P = *puissance (W)*
V = *tension (V)*
I = *courant (A)*
$_{in}$ = *entrée du système*
$_{out}$ = *sortie du système*

La tension de sortie, V_{out}, est décidée comme paramètre de base du convertisseur, dans ce cas-ci 72 V pour correspondre à la tension du banc de batteries, bien qu'en réalité cela ne soit qu'une approximation. La tension, pour permettre de recharger les batteries, doit nécessairement être légèrement plus élevée que celle des batteries.

3.5 - Cycles de conduite

Toute entreprise de simulation de véhicule nécessite un cycle de conduite, une charge à imposer au modèle afin d'en mesurer le comportement et les performances. Dans le cas présent, deux cycles de conduite furent implémentés : un cycle standardisé, le Urban Dynamometer Driving Schedule [38], adapté pour le projet afin de faciliter la comparaison avec des études similaires, et un cycle « réel » correspondant aux conditions présentes aux alentours de l'université et qui fut utilisé lors des tests routiers, qui seront détaillés aux *Chapitre 6 - Caractérisation expérimentale du modèle de VEH* et *Chapitre 7 – Introduction à la gestion d'énergie*, respectivement. Ces derniers sont mentionnés ici en raison de leur partie intégrante à tout modèle de véhicule : toutefois, les cycles complets seront présentés plus en détail dans leurs chapitres respectifs.

3.6 - Conclusion

L'objectif de ce chapitre était de détailler en équations les diverses composantes et phénomènes, tant mécaniques qu'électriques, présents dans le modèle du Némo construit pour cet ouvrage. Ceci fut donc réalisé avec soin, divisant les formules à partir d'équations générales à la base de la construction du modèle vers les éléments individuels tirés de la littérature.

Un élément de taille fut ignoré ici : le modèle de batterie acide-plomb, dont l'importance au cœur du projet et la complexité nécessitent un chapitre entier dédié à son exploration, qui sera présenté dans la section suivante.

Chapitre 4 – Modèle de batterie acide-plomb

La modélisation de batteries est une entreprise fort complexe; cependant, la littérature scientifique renferme une multitude de modèles et techniques afin d'attaquer cette problématique; celui présenté ci-dessous fut jugé le plus approprié à la suite d'une recherche exhaustive sur le sujet.

L'objectif de ce segment est de non seulement décrire en détail les équations de ce modèle, mais également d'en souligner les lacunes vis-à-vis du projet en cours et de proposer des modifications permettant de les combler. De plus, un modèle complètement externe à l'original, visant à prédire la dégradation de ces batteries selon les conditions d'opération du véhicule, sera développé et détaillé au cours de ces lignes.

4.1 – Modèle original

Les modèles physico-chimiques, quoique plus complets, sont difficiles à modéliser et sont lourds à calculer lors de simulations. Pour alléger ce fardeau et rendre les modèles plus accessibles à une bonne partie de ses principaux utilisateurs, une approche impliquant la représentation de la batterie en circuits électriques équivalents fut développée (Fig. 4-1). [39]

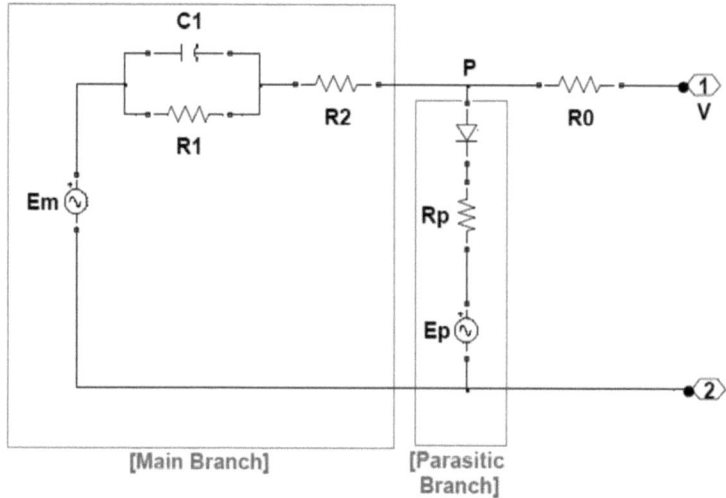

Figure 4-1. Circuit équivalent de batterie acide-plomb [41]

Ce modèle, plus abordable, s'accompagne d'une série d'équations visant à décrire le comportement de la batterie et à fournir les informations pertinentes à son opération, comme la tension, la température et l'état de charge (*state of charge*, SOC) pour un courant donné, soit en mode charge ou décharge. L'approche par circuits équivalents présente l'avantage non négligeable d'utiliser une structure et des composantes bien connues des ingénieurs électriques; il est donc possible d'utiliser leur bagage de connaissances préalables des résistances, condensateurs et sources de tension afin d'analyser le comportement du modèle, et le modifier si besoin est.

Tout d'abord, les équations des éléments composant le circuit lui-même, d'abord la branche principale. Il est important de noter ici qu'à moins d'avis contraire, les variables de ces équations sont des paramètres déterminés expérimentalement, qui seront détaillés dans une section subséquente.

$$E_m = E_{m0} - K_E(273+\theta)(1-SOC) \tag{4.1}$$

E_m = *tension de la branche principale (V)*
E_{m0} = *tension circuit ouvert à charge pleine (V)*
K_E = *constante (V/°C)*
θ = *température interne (°C)*
SOC = *état de charge (0-1)*

$$R_0 = R_{00}[1 + A_0(1-SOC)] \tag{4.2}$$

R_0 = *résistance aux bornes de la batterie (Ω)*
R_{00} = *résistance constante (Ω)*
A_0 = *constante (n/a)*

$$R_1 = -R_{10}\ln(DOC) \tag{4.3}$$

R_1 = *résistance du procédé chimique (Ω)*
R_{10} = *résistance constante (Ω)*
DOC = *profondeur de charge (0-1)*

$$R_2 = R_{20}\frac{\exp[A_{21}(1-SOC)]}{1+\exp(A_{22}I_m/I^*)} \tag{4.4}$$

R_2 = *résistance du « coup de fouet » (Ω)*
R_{20} = *résistance constante (Ω)*
A_{21} = *constante (n/a)*
A_{22} = *constant (n/a)*
I_m = *courant dans la branche principale (A)*

$I^* = $ *courant nominal (A)*

$$C_1 = \frac{\tau_1}{R_1} \tag{4.5}$$

$C_1 = $ *capacitance constante (F)*
$\tau_1 = $ *délai de remontée de tension (s)*

Ensuite, la branche parasite, représentant les pertes lors de la charge de la batterie. En effet, toute l'énergie « ajoutée » lors de la recharge d'une cellule n'est pas emmagasinée par la batterie; une partie est perdue sous forme de chaleur et par la dynamique lente du procédé chimique. Lors de la décharge, cette branche est ignorée.

On note également la présence d'une diode « idéale » dans le circuit de la Figure 4-1. Celle-ci existe uniquement à des fins de modélisation, car la tension d'activation parasite est représentée par une force électromotrice de sens inverse au courant de recharge, *Ep* (4.6), qu'il est nécessaire de surmonter afin d'enclencher le processus. Cependant, lors de la décharge, cette valeur s'ajouterait à la force électromotrice de la batterie, Em, ce qui serait complètement illogique, d'où la nécessité de la bloquer par une diode.

$$E_p = cte = E_{p0} \tag{4.6}$$

$E_p = $ *tension d'activation de la branche parasite (V)*
$E_{p0} = $ *tension constante (V)*

$$R_p = \frac{(V_{PN} - E_p)}{I_p} \tag{4.7}$$

R_p = résistance de la branche parasite (Ω)
V_{PN} = tension aux bornes de la branche parasite (V)
I_p = courant de la branche parasite (A)

$$I_p = V_{PN} G_{p0} \exp\left(V_{PN}/V_{p0} + A_p\left(1 - \theta/\theta_f\right)\right) \tag{4.8}$$

V_{p0} = tension constant (V)
A_p = constante (n/a)
θ_f = température de congélation de l'électrolyte (°C)

Suivent ensuite les équations décrivant le comportement thermique de la batterie. Le modèle compile non seulement un changement dans son comportement suivant les variations de températures internes et de l'environnement externe, mais comprend également l'effet du réchauffement par résistance ohmique lors du passage d'un courant dans la cellule.

$$\theta = \frac{P_s R_\theta + \theta_a}{1 + R_\theta C_\theta s} \tag{4.9}$$

$$P_s = R_p I_p^2 \tag{4.10}$$

P_s = puissance dissipée en chaleur (W)
R_θ = résistance thermique (°C/W)
θ_a = température ambiante (°C)
C_θ = capacitance thermique (Wh/°C)

Maintenant, l'état de charge (*SOC*) et la profondeur de charge (*DOC*) de la batterie seront décrits. Ceux-ci représentent l'énergie dépensée par la batterie versus sa capacité totale, variant entre 0 (vide) et 1 (pleine). Les deux paramètres (*SOC* et *DOC*) diffèrent par leur interprétation de la capacité : la première inclut seulement sa dépendance à la température, sans l'effet du courant. Ceci simplifie les calculs et rend le paramètre beaucoup plus stable, car elle utilise essentiellement une valeur fixe de la capacité, la variation de cette dernière versus la température étant beaucoup moins grande et relativement lente dans des conditions normales. Cependant, ceci est au prix d'une marge d'erreur plus grande. La seconde inclut également les effets du courant sur la capacité, un phénomène illustré par la Figure 4-2. Par souci de précision, « l'état de charge » des batteries utilisé pour ce travail fut celui représenté par (4.12), ou *DOC*.

$$SOC = 1 - \frac{Q_e}{C(0,\theta)} \tag{4.11}$$

$$DOC = 1 - \frac{Q_e}{C(I_{avg},\theta)} \tag{4.12}$$

SOC = état de charge (0-1)
Q_e = charge extraite de la batterie (A*h)
$C(0,\theta)$ = capacité à courant nul (A*h)
$C(I_{avg},\theta)$ = capacité selon courant moyen (A*h)

La capacité de la batterie, dépendant du courant et de la température, est démontrée ci-dessous. Cette équation a le défaut d'être une approximation mathématique plutôt que le résultat de lectures expérimentales, et dépend également d'un courant « nominal », *I**, choisi par l'opérateur du modèle et près duquel les conditions d'utilisation doivent rester, sous peine de perdre en précision. Ces faiblesses seront abordées et des modifications apportées pour les outrepasser dans la section suivante.

$$C(I,\theta) = \frac{K_c C_{0*}\left(1+\dfrac{\theta}{-\theta_f}\right)^{\varepsilon}}{1+(K_c-1)(I/I^*)^{\delta}} \tag{4.13}$$

K_c = constante (n/a)

C_{0*} = capacité nominale à $0\,^{\circ}C$

ε = constante (n/a)

I^* = courant nominal de décharge (A)

δ = constante (n/a)

Finalement, voici les équations non-linéaires qui décrivent le comportement de la batterie selon ses paramètres de courant, de charge et de température :

$$\frac{dI_1}{dt} = \frac{1}{\tau_1}(I_m - I_1) \tag{4.14}$$

$$\frac{dQ_e}{dt} = -I_m \tag{4.15}$$

$$\frac{d\theta}{dt} = \frac{1}{C_\theta}\left[P_s - \frac{(\theta - \theta_a)}{R_\theta}\right] \tag{4.16}$$

I_1 = courant dans la branche R_1 (A)

Dans tous les cas, ces modèles ont un point en commun : ils sont lourdement chargés de paramètres qu'il est nécessaire de déterminer par une série d'expérimentations. Comme point de départ, les paramètres d'intérêt furent pris dans un modèle prédéfini par la documentation (Tableau 4-1) [39]. Par la suite, un protocole expérimental fut établi et les paramètres déterminés précisément pour les batteries en cause, qui se trouvent dans la section du travail prévue à cet effet.

Tableau 4-1. Paramètres empiriques du modèle de batterie original [39]

Parameters referring to the battery capacity	$I^* = 49$ A $K_c = 1.18$ $\varepsilon = 1.29$	$C_{0^*} = 261.9$ Ah $\theta_f = -40°C$ $\delta = 1.40$
Parameters referring to the main branch of the electric equivalent	$\tau_1 = 5000$ s $K_E = 0.580e\text{-}3$ V/°C $R_{00} = 2.0$ mΩ $A_0 = -0.30$ $A_{21} = -8.0$	$E_{m0} = 2.135$ V $R_{10} = 0.7$ mΩ $R_{20} = 15$ mΩ $A_{22} = -8.45$
Parameters referring to the parasitic reaction branch of the electric equivalent	$E_p = 1.95$ V $G_{p0} = 2$pS	$V_{p0} = 0.1$ V $A_p = 2.0$
Parameters referring to the battery thermal model	$C_\theta = 15$ Wh/°C	$R_\theta = 0.2$ °C/W

4.2 – Modifications apportées au modèle original

La section ci-dessus détaille le modèle de batterie acide-plomb tel qu'il fut décrit dans la littérature [39][40][41]. Par contre, celui-ci comporte quelques faiblesses qui furent abordées et modifiées dans le cadre de ce projet, principalement au niveau de son évaluation de la capacité (4.13).

4.2.1 – Capacité en fonction du courant

Tout d'abord, le phénomène de dépendance de la capacité au courant fut abordé. Tel qu'illustré à la Figure 4-2, la capacité d'une batterie, mesurée en ampères heure (Ah), diminue exponentiellement avec le courant de décharge qui lui est imposé.

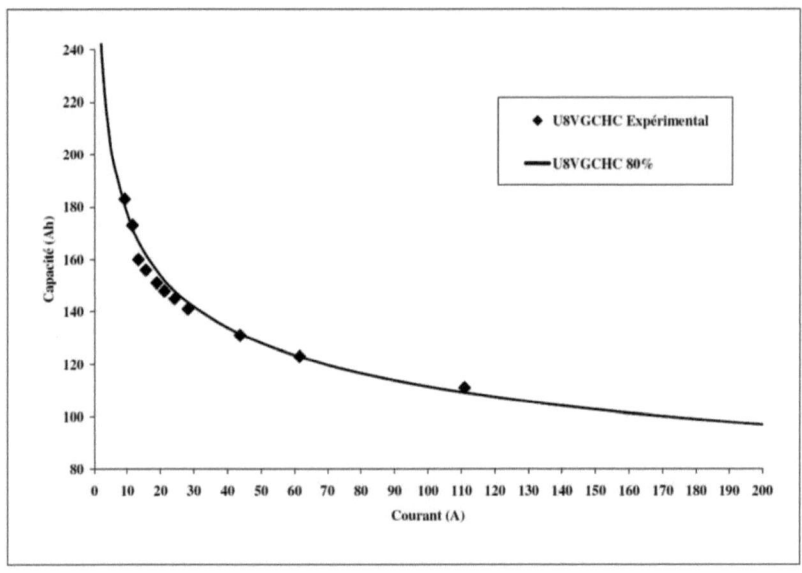

Figure 4-2. Capacité en fonction du courant de décharge

Toutefois, l'équation (4.13) constitue une approximation mathématique et ne représente pas nécessairement la réalité des batteries utilisées. Par contre, comme ce phénomène est intrinsèque au comportement des batteries acide-plomb, les manufacturiers fournissent des tables de valeurs détaillées obtenues à partir de tests expérimentaux, et superposés aux valeurs obtenues par la loi de Peukert (2.1). La Figure 4-2 représente les données extraites de la littérature fournie par le manufacturier des batteries du Némo [42].

De plus, la flexibilité du logiciel Simulink® permet d'inclure directement ces données au modèle, sous forme d'une table de référence (« lookup table »). Ceci évite le long et hasardeux procédé nécessaire pour modifier les paramètres de (4.13) afin d'en extraire des résultats correspondant avec les données expérimentales, en plus d'assurer la précision des résultats.

Ainsi, les données de la capacité en fonction du courant de décharge présentées ici (Fig. 4-2) furent directement insérées dans le modèle et utilisées sous forme de table de référence comme substitut partiel de l'équation (4.13). La seconde partie de cette équation, celle dictant la capacité en fonction de la température, sera traitée de façon similaire à la section suivante.

Afin que cette modification soit utilisable, par contre, un choix dû être fait quant au courant utilisé pour déterminer la capacité. En effet, les conditions de charge et de courant dans un véhicule sont très variables; l'utilisation du courant directement imposé aux bornes des batteries afin d'en déterminer la capacité restante rendrait la valeur erratique et à toute fin pratique inutilisable. De plus, la lenteur du procédé chimique au cœur des batteries fait en sorte que cette façon de faire serait fautive, car il est faux que la capacité varie follement à chaque variation du courant : ses valeurs sont d'ailleurs calculées à courant constant sur de longues périodes pour cette raison (Fig. 4-2) [21]. Pour régler cette problématique, une approche intuitive consisterait à faire une moyenne du courant imposé, ce qui serait valide dans une certaine mesure, mais serait source d'erreurs selon les conditions de charge.

Par contre, une analyse du circuit de la batterie (Fig. 4-1) indique que le bloc R_1-C_1 du modèle présente une solution au dilemme. En effet, ce bloc, comme le circuit présenté est fourni par une source de courant continu, impose un délai à la tension du système [43]. Ceci sert à représenter la lenteur du procédé chimique de charge et de décharge des batteries. La tension aux bornes de ce circuit est représentée par (4.17).

$$V_{R_1C_1} = \frac{R_1}{1+sR_1C_1} I_m \tag{4.17}$$

On note également que la valeur de R_1C_1, selon (4.5), équivaut à une constante de temps, τ_1, qui caractérise ce délai. En réorganisant les termes de (4.5) et de (4.17), on parvient facilement à obtenir la valeur du courant dans la branche R_1 du circuit R_1C_1, tel qu'illustré par (4.18).

$$I_1 = \frac{I_m}{1+s\tau_1} \tag{4.18}$$

La particularité de ce courant I_1 est d'être soumis au délai τ_1 du bloc-circuit. Plus simplement, celui-ci met un temps donné pour égaler le courant directement imposé à la branche principale de la cellule, I_m. En utilisant cette valeur de courant pour calculer la capacité de la batterie par le biais de (Fig. 4-2), on obtient donc une valeur à la fois beaucoup plus stable dans un environnement où le courant varie de façon erratique, et avec le bénéfice d'opérer de façon congruente avec la réalité, selon la dynamique propre de la chimie de la batterie, plutôt que par une moyenne mathématique.

Finalement, il convient de régler un problème majeur de la loi de Peukert (2.1), qui prédit une capacité tendant vers l'infini à des courants proches de zéro, un phénomène que les auteurs de l'article original [39] ont pris soin d'éliminer. Dans le même ordre d'idées, plutôt que de projeter les lectures de (Fig. 4-2) vers l'infini à des courants très faibles en-deçà des valeurs mesurées, une extrapolation linéaire fut imposée à partir des deux valeurs limites du graphique. Dans la pratique, ceci correspond à une limite maximale de la capacité, à courants très bas, à environ 220 Ah sur la représentation de la Figure 4-2. Ainsi, bien que la capacité limite ne soit pas exactement située à ce point, on peut affirmer que la prédiction est plus près de la réalité que par la méthode de Peukert.

4.2.2 – Capacité en fonction de la température

Une logique similaire fut appliquée au deuxième paramètre d'influence sur la capacité des batteries, la température. La formule (4.13) inclut ce paramètre sous forme d'une valeur qui varie linéairement en fonction de la température et qui égale 0 au point de congélation de l'électrolyte, indiquant une capacité nulle dans une situation où l'électrolyte serait gelé. Bien que cela ne soit pas en soi une façon fautive de procéder, l'abondance de données expérimentales du manufacturier, incluant l'effet de la température, permit de remplacer cette équation par une seconde table de référence (Fig. 4-3).

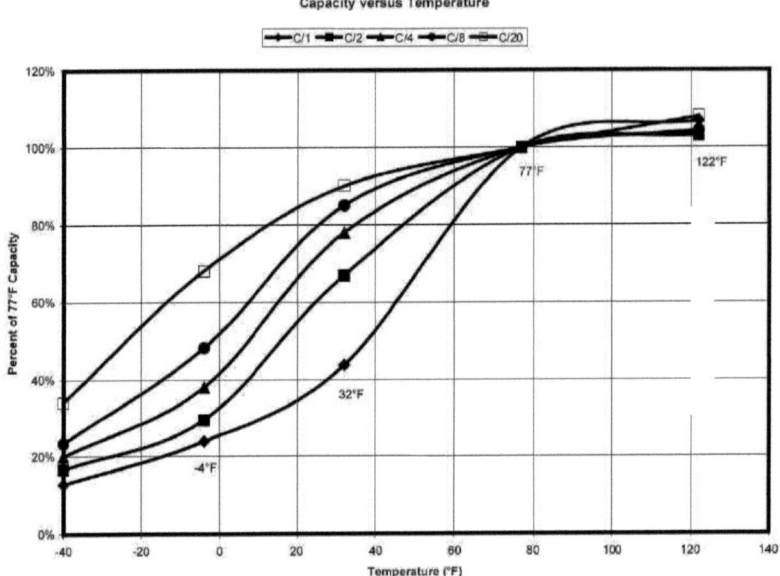

Figure 4-3. Capacité en fonction de la température [17]

Ce graphique indique donc la capacité de la batterie selon cinq courants de décharge différents en fonction de la variation de la température. Comme ces données sont présentées sous forme de pourcentage de la capacité mesurée à température constante de 25 °C, donc dans les mêmes conditions que les données de la Figure 4-2, il fut facile d'adapter le modèle à leur utilisation. Il suffit d'abord de compiler la capacité en fonction du courant; ensuite, ce courant de décharge I_1 est utilisé pour choisir la courbe pertinente à utiliser parmi les cinq présentes dans les données (Fig. 4-3). Finalement, on obtient un pourcentage, d'environ 10% à 110%, par lequel on multiplie la capacité selon le courant déterminée précédemment.

Ces deux modifications ont le double avantage d'être basées sur des données expérimentales solides et d'éliminer complètement (4.13) du modèle de batterie, et par le fait même 5 paramètres expérimentaux qu'il sera possible d'ignorer lors de la caractérisation des batteries.

4.3 - Modèle d'usure

L'intérêt principal de cette recherche est de trouver une solution au problème majeur de durée de vie des batteries donc souffrait le Némo. Pour pouvoir s'y attaquer, il est évidemment nécessaire de posséder un outil permettant de prévoir cette durée de vie afin d'en contrer les effets.

Quelques méthodes sont proposées dans la littérature afin d'attaquer le problème de l'usure des batteries [23] [24] [25] [26] [44], mais toutes sont dépendantes du problème de la paramétrisation fidèle à la réalité. L'approche choisie ici se veut une combinaison de plusieurs approches, divisée en deux modules principaux : l'évaluation de la durée de vie et la dégradation de la performance. De plus, la méthode choisie, bien qu'incomplète, s'appuie sur les données expérimentales disponibles (Fig. 4-4) et se prête facilement à des modifications futures afin d'inclure les résultats observés lors de la caractérisation du Némo.

L'intérêt porté à ce phénomène est directement lié au développement de véhicules électriques à base de batteries, un domaine encore jeune. Des quelques méthodes existantes développées en ce sens, très peu sont d'une bonne précision, et toutes sont très fortement dépendantes à la fois de l'application ciblée et des composantes particulières utilisées. Ainsi, pour une charge de courant relativement stable, comme par exemple une source de courant auxiliaire domestique, il est possible d'obtenir des prédictions raisonnables; la situation est tout autre pour les appels de puissance erratiques présents à bord d'un VEH. Il est difficile de contourner cette problématique, car elle est intrinsèque à l'étude présentée ici.

En second lieu, ces modèles sont strictement ciblés autour de leurs composantes : une étude poussée de la dégradation d'une batterie donnée peut donc difficilement être transposée à une autre. Pour cette raison, il est impératif de baser le modèle construit sur les caractéristiques spécifiques des batteries du Némo. Pour ce faire, une technique existante [23] fut modélisée et adaptée aux données disponibles sur celles-ci.

D'un autre côté, beaucoup de temps et de ressources sont nécessaires afin de caractériser précisément les divers phénomènes de dégradation des batteries acide-plomb, tels la corrosion, la stratification de l'électrolyte ou encore les effets de la vibration (Fig. 2-10). De plus, des tests réalisés rigoureusement en laboratoire ne représentent en rien les conditions turbulentes à bord d'un véhicule en mouvement; ceux-ci sont donc difficilement viables au départ. Qui plus est, ces conditions d'utilisation sont impossibles à prévoir à bord d'un véhicule, car ceux-ci dépendent à leur tour de multiples impondérables comme le profil du terrain, le comportement du conducteur, la charge à bord et même la météo.

À titre d'exemple, une telle entreprise de caractérisation de l'usure de batteries acide-plomb fut documentée et rapporte un résultat similaire [25]. Cette dernière, appliquée à prédire la durée de vie d'une banque de batteries acide-plomb sur un système de génération photovoltaïque, donc dans un environnement relativement stable, conclut à une légère sous-évaluation des conditions de charge, ayant pour résultat une erreur de plus d'un an sur la prédiction du modèle, représentant une moyenne d'erreur de 60% sur l'ensemble de ses tests expérimentaux. Il va sans dire que les conditions présentes à bord du Némo présentent le risque d'une erreur encore plus considérable.

Par conséquent, il fut déterminé de modéliser l'usure à partir des meilleures données expérimentales disponibles, celles extraites des tables du fabricant. Bien que ce modèle soit adéquat, les contraintes du projet exigent de faire ce choix d'en inclure les limites dans les résultats obtenus. Ce dernier n'est pas idéal, mais est construit sur des données expérimentales solides; dans l'impossibilité actuelle de pleinement caractériser nos batteries avec précision, il s'agit de la meilleure avenue disponible.

Le modèle d'usure fut donc réalisé à l'aide des données du manufacturier suivantes, tirées d'un document facilement accessible et habituellement inclus par le fabricant avec les batteries (Fig. 4-4) [42].

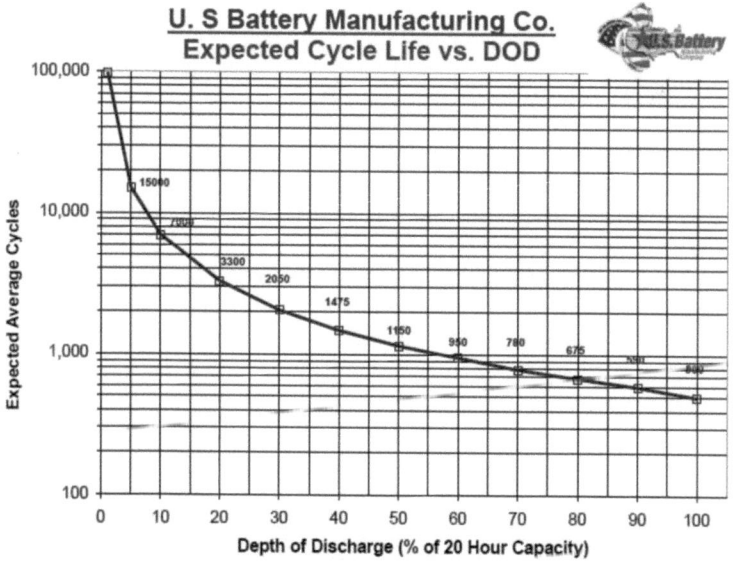

Figure 4-4. Durée de vie versus profondeur de décharge des batteries [42]

Ce graphique traduit l'effet de la profondeur de décharge sur la durée de vie des batteries acide-plomb, la raison principale de leur vie réduite dans le VEH. À l'aide d'un outil Simulink®, il fut possible de transposer directement les valeurs de ce graphe en une forme utilisable, encore une fois sous la forme d'une table de référence.

4.3.1 – Évaluation de la durée de vie

D'abord, examinons la méthode d'évaluation de la durée de vie de la batterie. La méthode choisie, nommée *Ah throughput*, ou « débit d'énergie », dans la littérature, est d'ailleurs une des techniques générales bien répandues présentées dans la documentation [11].

Le principe général de cette méthode repose sur le calcul de l'énergie disponible dans la batterie et celle qui est dépensée lors de son utilisation. En utilisant l' « énergie », en ampères par heure (Ah), on obtient un modèle polyvalent qui évite plusieurs problèmes, comme la dépendance à la fréquence d'échantillonnage [23], la technique de comptage de cycles [25] et la complexité de calcul des modèles chimiques pointus [26]. La technique se résume donc par l'équation suivante (4.19).

$$Usure = \frac{Ah_{dépensé}}{Ah_{total}} \tag{4.19}$$

Usure = pourcentage d'usure de la batterie (0-1)
$Ah_{dépensé}$ = capacité dépensée jusqu'au moment présent (A*h)
Ah_{total} = capacité totale disponible durant la vie utile de la batterie (A*h)

Tout simplement, cette équation décrit la durée de vie de la batterie comme le rapport de l'énergie dépensée ($Ah_{dépensé}$) divisée par l'énergie totale disponible dans la batterie (Ah_{total}), résultant en une valeur d'usure au départ nulle (0) croissante jusqu'à la mort de la batterie (1). La complexité du problème tient à la méthode de calcul de ces deux valeurs d'énergie; la composante la plus simple des deux étant l'énergie totale, Ah_{total}, elle sera le point de départ de cette description.

Cette énergie totale représente l'énergie que la batterie pourra retourner à l'utilisateur, donc lors de la décharge exclusivement, *durant la totalité de sa vie utile*, donc de l'état complètement neuf jusqu'à sa mort, à 80% de sa capacité nominale. Ceci diffère de l'énergie représentée par l'état de charge (*DOC*) fourni par le modèle de batterie, qui lui indique la quantité d'énergie emmagasinée dans la batterie de façon instantanée; par contre, les deux valeurs sont intrinsèquement liées, comme l'indique (4.21). Pour déterminer cette énergie, on emploie l'équation (4.20).

$$Ah_{total} = (C_{nom} \times DOD) \times LC_{F,DOD} \quad (4.20)$$

$$DOD = 1 - DOC \quad (4.21)$$

Ah_{total} = capacité totale disponible dans la vie utile de la batterie (A*h)
C_{nom} = capacité nominale de la batterie (A*h)
DOD = profondeur de décharge (0-1)
$LC_{F,DOD}$ = nombre de cycles à l'échec au DOD correspondant
DOC = profondeur de charge (0-1)

L'équation (4.20) ci-dessus se décompose comme suit: il s'agit de multiplier la capacité de la batterie, déterminée par le modèle de batterie selon le courant et la température, donc en fonction des conditions d'utilisation imposées par le système sur les batteries, par la fraction de cette capacité utilisée selon un régime donné, et ce pour la durée de vie totale de la cellule. Cette capacité varie donc avec le régime de décharge, tel que modélisée au cours des paragraphes précédents, et elle est représentée ainsi dans le modèle d'usure.

Afin de faciliter la compréhension du principe, voici une exemple de son application. À courant de décharge fixe, supposons la capacité C_8 de 151 Ah, indiquant que les batteries durent typiquement 8 heures, comme dans une journée d'utilisation normale. Cette valeur est donc multipliée par les valeurs extraites directement de la Figure 4-4. Par exemple, pour une décharge maximale de 5%, la batterie peut répéter le cycle 15 000 fois avant de défaillir. En compilant 151 Ah x 5% x 15 000, on obtient 137 250 Ah, ce qui correspond à l'énergie totale que la batterie pourra fournir dans ces conditions d'utilisation jusqu'à sa mort. Il est possible de répéter l'opération pour chacune des profondeurs de décharge, ce qui est illustré par le Tableau 4-2.

Tableau 4-2. Débit d'énergie des batteries

Profondeur de décharge (%)	Nombre de cycles à l'échec	Débit calculé (Ah)
5	15000	137250
10	7000	128100
20	3300	120780
30	2050	112545
40	1475	107970
50	1150	105225
60	950	104310
70	780	99918
80	675	98820
90	590	97173
100	500	91500

Ces données indiquent que plus on décharge profondément la batterie, moins on pourra en tirer d'énergie totale, ce qui au départ peut sembler contre-intuitif mais qui représente un indice quant à l'influence de la profondeur de décharge sur les batteries.

Par ailleurs, la méthode communément décrite dans la documentation prescrit le calcul d'une moyenne des valeurs calculées dans le Tableau 4-2 et l'utilisation de cette valeur comme énergie totale moyenne, Ah_{total}. Le modèle particulier de batterie utilisé ici présente une large dispersion des valeurs d'énergie, présentant jusqu'à 33% de différence entre ses paramètres limites à 5% et 100% de décharge : l'utilisation d'une moyenne est donc une proposition risquée.

Ce qui est plutôt proposé est de fixer la valeur de Ah_{total} comme la plus haute possible, dans le cas présent 137 250 Ah à 5% de décharge. Cette décision sera compensée par l'ajout d'un facteur d'accélération de la dégradation, F_{DOD}, directement au paramètre $Ah_{dépensé}$ lors de décharges plus profondes, comme il sera décrit dans les lignes suivantes.

Dans cet objectif, voyons donc maintenant le deuxième paramètre de (4.19), la valeur d'énergie débitée par la cellule lors de son utilisation. De façon similaire à la batterie, cette charge est calculée à la base par (4.22).

$$Ah_{dépensé} = \int_{t_0}^{t_1} I_{décharge} dt \qquad (4.22)$$

$Ah_{dépensé}$ = capacité dépensée jusqu'au moment présent (A*h)
$I_{décharge}$ = courant de décharge (A)

Donc, en isolant le courant en décharge uniquement, puis en l'intégrant en fonction du temps, on obtient la charge d'énergie fournie en ampères heure (*A*h*). Cependant, il est nécessaire d'adapter cette équation afin d'inclure les effets néfastes de la profondeur de décharge; prise telle quelle, elle n'indique en effet que la dépense d'énergie nominale, sans aucune pénalité pour les différents facteurs de stress négatifs. Les équations suivantes (4.23-4.25) décrivent directement cette problématique.

$$F_{DOD} = 1 + \frac{(Ah_{nom} - Ah_{actuel})}{Ah_{nom}} \tag{4.23}$$

$$I_{weighted} = I_{actuel} \times F_{DOD} \tag{4.24}$$

$$Ah_{actuel, weighted} = \int_{t_0}^{t_1} I_{weighted} dt \tag{4.25}$$

F_{DOD} = *facteur de profondeur de décharge (n/a)*
Ah_{nom} = *capacité nominale au niveau maximal (A*h)*
Ah_{actuel} = *capacité au niveau DOD correspondant (A*h)*
$I_{weighted}$ = *courant de décharge alourdi du paramètre F_{DOD} (A)*
I_{actuel} = *courant réel de décharge (A)*
$Ah_{actuel, weighted}$ = *capacité dépensée, accélérée par F_{DOD} (A*h)*

On utilise ici la valeur de Ah_{total}, décrite dans les paragraphes précédents, pour compiler un facteur de dégradation accélérée (4.23). Ce facteur correspond à 1 lorsque les conditions sont similaires au point nominal de référence, dans l'exemple précédent à 5% de décharge, et augmente progressivement avec un niveau de décharge plus profond. Ce facteur F_{DOD} multiplie le courant utilisé pour mesurer la dépense d'énergie (4.24). De cette façon, les effets de la profondeur de décharge sont pris en compte, car le courant, alourdi du facteur de dégradation, est intégré en fonction du temps pour mesurer l'usure (4.25).

En utilisant une intégration du courant alourdi de décharge $I_{weighted}$ en fonction du temps écoulé, cette approche présente le double avantage de prendre en compte les effets de la profondeur de décharge ainsi que le *temps* passé à différents niveaux de décharge, un facteur de stress tout aussi influent [23] (Fig. 2-10). Ainsi, la dégradation de la batterie progressera rapidement si elle est maintenue à basse charge (donc avec un F_{DOD} et $I_{weighted}$ correspondant élevés) durant une période de temps prolongée, via l'intégration de (4.25) qui se substitue dans (4.19) et (4.22). Au final, il est possible de reformuler (4.19) par (4.26) ci-dessous.

$$Usure = \frac{\int_{t_0}^{t_1}(I_{actual} \times F_{DOD})dt}{[(C_{nom} \times DOD) \times LC_{F,DOD}]_{max}} \qquad (4.26)$$

Aux cas limites, lorsque la batterie est pleinement chargée, donc près de $DOD = 0$, les deux termes de la division approchent 0, donc aucune usure n'est cumulée, alors qu'à l'opposé, à pleine décharge près de $DOD = 1$, les deux mêmes termes sont à leur valeur maximale et l'usure progresse très rapidement.

Notons toutefois qu'une profondeur nulle de $DOD = 0$ est impossible en pratique et indique simplement que la batterie est inactive ou alors en mode recharge, deux incidences au cours desquelles le calcul de l'usure n'entre pas en ligne de compte. Au même titre, une décharge totale $DOD = 1$ signifie qu'aucune charge ne demeure dans la batterie, donc que le courant ne peut circuler qu'en recharge.

Il est facile d'observer comment cette technique de modélisation de l'usure est facilement modifiable et peut théoriquement inclure les effets de tous les facteurs de stress et mécanismes présents dans les batteries. En effet, il est possible d'inclure une multitude de facteurs de dégradation similaires à (4.23) et de les appliquer à la dépense d'énergie, et ce pour la totalité des mécanismes décrits dans la Figure 2-10. Par contre, comme il a déjà été mentionné, la difficulté réside dans la caractérisation de chacun de ces facteurs de façon congruente avec la réalité du système modélisé, une entreprise complexe et délicate qui est facilement invalidée par le moindre changement dans les conditions d'opération.

4.3.2 - Dégradation de performance

La technique énoncée précédemment décrit donc la dégradation progressive de la durée de vie de la batterie. Cependant, cette dégradation progressive n'est pas sans conséquence sur les paramètres de la batterie. En effet, cette perte de durée de vie s'accompagne également d'une réduction de sa capacité nominale, de telle sorte qu'une batterie neuve peut emmagasiner plus d'énergie à chaque charge qu'une batterie usée. Les formules (4.27-4.28) ci-dessous illustrent l'approche suggérée pour modéliser cet effet.

$$C_{\text{deg}} = C_{nom} - C_{loss} \qquad (4.27)$$

$$C_{loss} = (C_{nom} - (C_{nom} \times 0.8)) \times \left(\frac{\int I_{weighted}}{Ah_{nom}} \right) \qquad (4.28)$$

C_{deg} = capacité dégradée (A*h)
C_{nom} = capacité nominale (A*h)
C_{loss} = capacité perdue (A*h)

On utilise ici (4.28) pour calculer la plage de capacité utilisable dans la batterie, c'est-à-dire la capacité qu'il est possible de « consommer » avant d'atteindre le statut de fin de vie à 80% de la capacité nominale. Ainsi, pour une capacité nominale de 151 Ah, on obtient 151 Ah - 151 Ah X 0.80 = 30.2 Ah. Par la suite, la valeur de durée de vie (4.19), dont la valeur est située entre 0 (neuve) et 1 (morte) est multipliée par cette plage afin de déterminer la fraction utilisée jusqu'à ce point. Finalement, la valeur de cette fraction dégradée est soustraite à la capacité nominale et retournée au modèle de batterie, remplaçant le paramètre de départ C_{0*} dans (4.13) et est appliquée similairement au reste de la procédure modifiée par tables de référence.

Cette méthode présente plusieurs avantages, dont l'objectif ultime est de représenter les effets de la dégradation de façon plus réaliste. En dégradant progressivement la capacité nominale, elle inclut l'effet d'accélérer son usure, étant donné que la batterie atteint des profondeurs de décharge toujours plus rapidement avec une capacité continuellement réduite. De plus, le modèle de batterie est ainsi construit que les paramètres décrivant son comportement (4.1-4.8) dépendent de son état de charge, et donc de sa capacité. Ainsi, le comportement du modèle de batterie acide-plomb est affecté à tous les niveaux par cette capacité décroissante.

4.4 – Conclusion

Dans les paragraphes précédents figurent les équations les plus critiques appliquées à ce projet, celles liées au modèle des batteries présentes dans le VEH. Ces dernières sont au cœur de son fonctionnement et dictent tous les aspects de son comportement, de la puissance qu'il peut développer jusqu'à son autonomie, en passant par sa durée de vie utile.

Le modèle original fut donc présenté et expliqué en détail pour les besoins du projet. Par contre, celui-ci inclut des lacunes importantes, en particulier liées à son utilisation dans un véhicule électrique et donc soumises à une plage très large de courants plutôt qu'à une valeur moyenne constante, comme il fut conçu au départ. Ceci implique des difficultés d'évaluation de sa capacité, donc de l'autonomie du véhicule modélisé, qui furent adressées et réglées par les modifications proposées.

De plus, l'optique économique du projet nécessitait une évaluation de la dégradation de ces batteries et de leur durée de vie, un élément problématique majeur du véhicule réel. Un modèle fut donc développé à cette fin et inclut non seulement une évaluation de leur durée de vie, mais la dégradation correspondante de leur performance (tension, capacité, courant) qui se reflète à tous les niveaux du modèle. Bien qu'il soit difficile de caractériser précisément celle-ci avec les moyens disponibles, le modèle théorique ici développé s'appuie sur des bases solides et utilise des données expérimentales du fabricant dont la validité ne fait pas de doute.

Finalement, le modèle de batteries n'est aussi précis que les paramètres qu'on y insère, peu importe la validité de ses bases théoriques. Le travail à faire dans ce cas est une entreprise de caractérisation, afin d'assurer que celui-ci colle de près à la réalité des batteries présentes dans le Némo. Cette caractérisation est suffisamment longue et complexe pour mériter un chapitre à part entière, présenté dans la section suivante de ce document.

Chapitre 5 – Caractérisation des batteries du Némo

Les batteries acide-plomb sont au cœur de la problématique présentée dans ce travail; il est donc essentiel de les caractériser adéquatement. Par contre, ceux-ci comportent 19 paramètres empiriques, ce qui complique grandement cette tâche. Heureusement, les auteurs du modèle original [39] étaient bien conscients de cette situation et publièrent l'ébauche d'un protocole expérimental destiné à faciliter l'entreprise [40]. Ce protocole fut d'ailleurs repris et appliqué avec succès par d'autres auteurs [45], donc il fut jugé approprié pour la situation du Némo.

Le chapitre suivant s'attarde donc à la présentation des maintes étapes qui furent réalisées afin de caractériser le modèle de batteries acide-plomb, incluant la procédure extraite de la littérature mais également une série de modifications et d'innovations apportées au modèle afin qu'il se prête mieux à l'utilisation que l'on désire en faire, motivées par les observations faites au fil de cette expérimentation.

5.1 - Protocole expérimental

La procédure expérimentale proposée ici s'appuie sur une série de tests de décharge à courants et températures différentes. Bien qu'il soit possible d'extraire la majorité des paramètres à partir d'un seul test, la pratique d'usage consiste à réaliser plusieurs tests et à en faire une moyenne afin d'amenuiser l'impact des variations (bruit) dans les données. Étant donné qu'une partie du modèle demande à être validée par 4 tests distincts à différents couples courant-température, les données pour appliquer cette approche étaient déjà disponibles.

Les tests de décharge sont donc entrepris à 4 couples courant-température différents. Les courants et températures furent choisis en fonction des conditions les plus propices d'être rencontrées par le véhicule Némo lors de son opération.

Le test proprement dit consiste à appliquer un courant de décharge constant aux batteries étudiées, tout en contrôlant leur température, et à enregistrer la tension résultante aux bornes du bloc tout au long de la procédure. La charge de courant est maintenue et la tension du bloc mesurée jusqu'à l'atteinte d'un plateau prédéfini de décharge « complète », équivalent à 1.75 V par cellule; dans le cas d'une batterie 8V, qui possède 4 cellules, cette tension est de 7V. On considère qu'en-dessous de ce seuil, une décharge supplémentaire endommagerait la batterie.

Suite à l'atteinte de ce plateau, la charge est retirée et la tension de batterie mesurée jusqu'à stabilisation. La variation de tension enregistrée tout au long du test est ensuite tracée en fonction du temps; le résultat final typique est illustré par la Figure 5-3.

Par contre, il est important de préparer le test de façon adéquate à chaque itération, ce qui nécessite beaucoup de temps. Tout d'abord, les batteries testées doivent être complètement chargées et leur tension stabilisée. Une décharge complète peut nécessiter au-delà de 9 heures, alors que la recharge à elle seule peut prendre jusqu'à 12 heures, toujours selon la profondeur de décharge initiale et le courant appliqué. La stabilisation de la tension, quant à elle, nécessite la déconnection de la batterie de tout circuit externe jusqu'à ce que sa tension cesse de varier, ce qui peut nécessiter jusqu'à 16 heures d'attente.

De plus, il importe de porter les batteries jusqu'à leur température désirée et de la maintenir constante, ce qui nécessite l'utilisation d'une chambre climatique. Par ailleurs, vu la masse importante de chaque batterie, celles-ci possèdent une grande capacité thermique, et par conséquent il faut quelques heures avant l'atteinte de celle-ci. À titre d'approximation de leur température interne, une sonde fut posée sur une des bornes d'un monobloc.

Donc, voici le protocole de caractérisation par tests de décharge, présenté de façon concise :

1. Recharge complète du bloc de batteries.
2. Déconnection du monobloc et stabilisation de sa tension
3. Contrôle de la température interne du banc.
4. Décharge de la banque de batteries à courant et température constante, jusqu'à une tension de 1.75V par cellule.
5. Coupure du courant de décharge au seuil prédéterminé, enregistrement de la tension transitoire subséquente jusqu'à stabilisation.
6. Répéter 1 à 5 pour différents couples de température et de courant.

5.1.1 – Banc d'essai et chambre climatique

La réalisation de ces tests de décharge nécessite la création d'un banc d'essai spécialisé afin de maintenir un courant de décharge constant tout au long du test, de retirer ce courant automatiquement une fois la décharge complétée et d'enregistrer la tension résultante en fonction du temps écoulé. Cette station fut construite sur la plate-forme logicielle LabView[®]

et des composantes électroniques nécessaires, dont une charge variable de courant pour la décharge, une source d'alimentation programmable pour effectuer la recharge et un système d'acquisition de données correspondant pour les lectures de tension et de courant (Fig. 5-1).

Figure 5-1. Banc d'essai pour caractérisation des batteries

De plus, il fut essentiel de construire une chambre climatique afin de contrôler et maintenir la température du banc de batteries à l'étude. Ce fut réalisé à l'aide d'un contenant isolant, d'une chaufferette munie d'un ventilateur et d'une sonde de température extérieure, tel qu'illustré en Figure 5-2. Bien que la chaufferette ne permette pas un contrôle précis de la température interne (variation observée de +/- 5°C), l'inertie thermique présentée par la masse de la batterie assure que la température interne de celle-ci varie beaucoup moins rapidement et demeure donc constante autour de la valeur choisie.

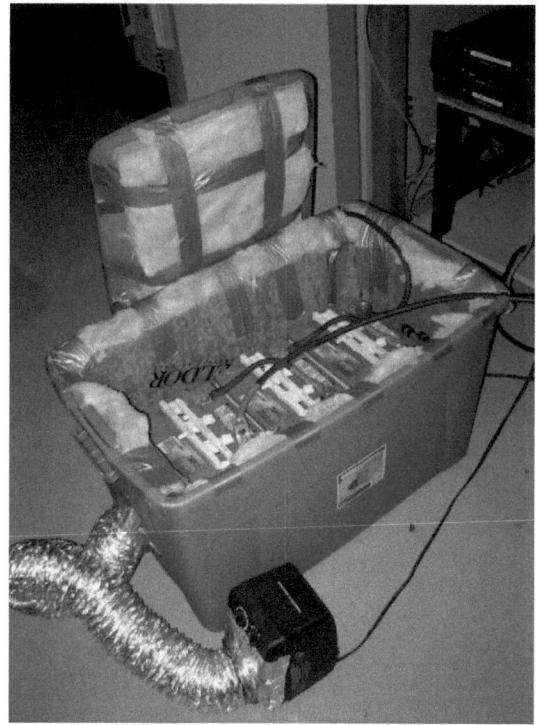

Figure 5-2. Chambre climatique

Dans le but de représenter le plus fidèlement possible le comportement du Némo, un banc de trois batteries 8V, identiques à celles présentes dans le Némo et similairement connectées en série, fut testé plutôt qu'une batterie individuelle tel que prescrit dans le protocole orignal. L'hypothèse proposée ici est que l'analyse d'une banque de batteries sera plus représentative de la réalité du véhicule que la caractérisation d'une batterie individuelle. Bien que l'idéal ait été 9 batteries en série pour correspondre exactement avec le Némo réel, cette quantité de monoblocs n'était pas disponible au moment des tests. Il est important de noter qu'un ajustement dans les calculs de tension dut être appliqué pour correspondre à la nouvelle tension de 3 monoblocs, qui totalisent 24V nominalement, et 21V lorsque complètement déchargés. La capacité des batteries, quant à elle, demeure inchangée dans une configuration en série.

5.2 – Détermination des paramètres du modèle

La procédure et les installations décrites ci-dessus ne sont évidemment pas suffisantes à elles seules pour déterminer les paramètres du modèle de batterie présentés au Tableau 5-1. Il est nécessaire de développer une méthode d'analyse des données récupérées afin de raffiner ces chiffres en valeurs utiles au modèle.

Tableau 5-1. Paramètres du modèle de batterie

Paramètres du modèle de batterie	
Paramètre de capacité*	C_{0^*}, K_c, θ_f, ε, δ, I^*
Paramètres de la branche principale**	E_{m0} K_E, τ_1, R_{00}, R_{10}, R_{20}, A_0, A_{21}, A_{22}, A_{20}, ξ
Paramètres de la branche parasite	E_p, G_{p0}, V_{p0}, A_p
Paramètres thermiques	C_θ, R_θ

* Paramètres exclus du modèle modifié   ** A_{21} et A_{22} remplacés par A_{20}, ξ ajouté pour les modifications

L'identification de la totalité de ces 23 paramètres est une entreprise fort complexe en soi. Dans le but de l'alléger, certaines hypothèses durent être posées. Ainsi, étant donné qu'elle n'a aucune influence lors de la décharge, et donc dans les données mesurées, la branche parasite du modèle sera omise des test initiaux. De plus, en raison de son influence limitée sur le rendement global du système, la résistance R_2 sera ignorée lors de l'analyse expérimentale proprement dite. Cette dernière, décrivant uniquement le phénomène du « coup de fouet », sera caractérisée séparément. À noter que les paramètres esquivés ici feront tout de même l'objet d'une caractérisation indirecte par l'ajustement du modèle lors de la simulation.

5.2.1 - Paramètres de la capacité

Cette caractérisation des variables présentes dans l'équation (4.13) est effectuée à titre indicatif seulement, étant donné que l'équation originale fut supplantée par l'utilisation de tables de référence expérimentales. Par contre, la méthode pour extraire ces paramètres étant relativement simple et les données expérimentales déjà disponibles, l'équation fut reconstruite dans le but de compléter la méthode proposée.

Les paramètres de l'équation (4.13) sont C, K_c, C_{0^*}, θ, θ_f, ε, I, I^* et δ. Cependant, seulement 4 d'entre eux doivent être extraits expérimentalement, soient K_c, δ, ε et C. Les autres paramètres représentent les caractéristiques propres au test ou aux batteries: la capacité nominale (C_{0^*}) au courant nominal choisi (I^*), le courant de décharge (I), la température mesurée (θ) et celle de congélation de l'électrolyte (θ_f). La méthode proposée est d'utiliser les données des 4 tests de décharge, à 4 couples de courant-température, et de substituer ces paramètres dans (4.13). On obtient ainsi un système soluble de 4 équations et 4 inconnues, dont les valeurs apparaissent au Tableau 5-2 ci-dessous.

Tableau 5-2. Paramètres du modèle de capacité

Paramètres de la capacité	
C_{0*}	131
K_c	1,26
θ_f	-35
ε	0,522
δ	2,01
$I*$	43,7

5.2.2 - Paramètres de la branche principale

La branche principale du modèle de batterie est essentielle à son rôle dans le cadre du projet de simulation, car elle dicte le comportement de sa tension en fonction du courant de décharge, donc est centrale à toute évaluation de la puissance électrique qui en est tirée, ainsi que son état de charge restant, qui détermine largement l'autonomie du véhicule. Celle-ci inclut 9 paramètres divisés parmi 5 équations (4.1-4.5), qui seront détaillées individuellement ci-dessous afin de rendre la procédure plus simple. Leurs démarches utilisent les données expérimentales des 4 tests de décharge de batterie, tout particulièrement les points V_0, V_1, V_2, V_3 et V_4 présentés par la Figure 5-3.

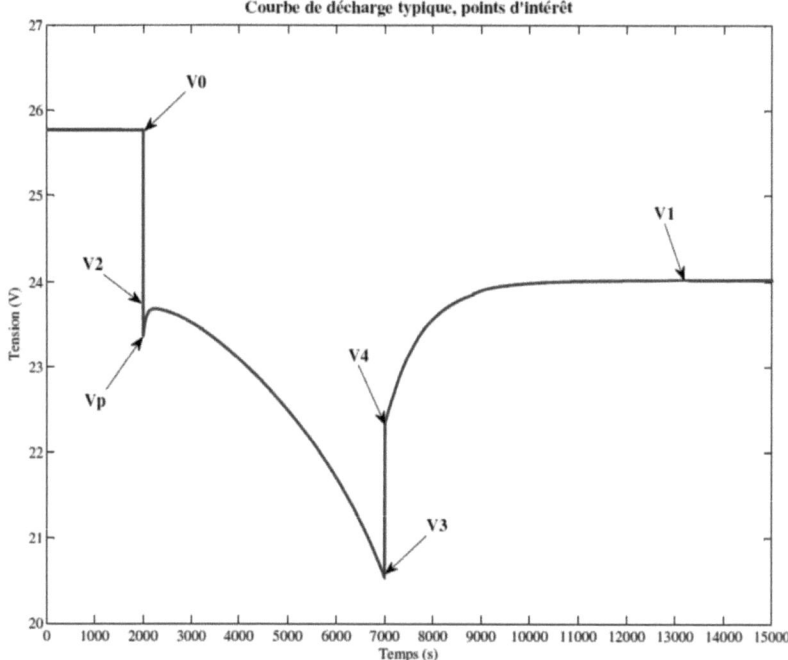

Figure 5-3. Exemple typique de test de décharge

5.2.3 - Paramètres de la force électromotrice E_m.

L'équation (4.1) définit la force électromotrice de la cellule de batterie, qui décroît progressivement avec une baisse de l'état de charge, SOC. Elle est identifiable par la tension à vide de celle-ci, et par conséquent peut être caractérisée en utilisant les conditions sans charge du test, au tout début (V_0) et à la fin (V_1), ce qui produit le système d'équations suivant.

$$V_0 = E_{m,début} = E_m(\theta_{début}, SOC_{début}) = E_{m0} - K_E(273 + \theta_{début})(1 - SOC_{début})$$
$$V_1 = E_{m,fin} = E_m(\theta_{fin}, SOC_{fin}) = E_{m0} - K_E(273 + \theta_{fin})(1 - SOC_{fin})$$

On peut déterminer plusieurs des paramètres de ces équations dès le départ. La température d'un test donné demeure constante tout au long de l'opération et est mesurée; par conséquent, $\theta_{début}=\theta_{fin}=\theta_{mesurée}$.

L'état de charge (4.11) est également simplifié, du fait que la batterie au départ est complètement chargée, donc $SOC_{début}=1$. Il est également possible de traiter les données du test par (5.1), en intégrant le courant de décharge en fonction du temps écoulé, on obtient $Q_{e,fin}$; la capacité à température fixe étant connue via les données du fabricant (Appendice A-2), par conséquent :

$$SOC_{fin} = 1 - \frac{Q_{e,fin}}{C(0,\theta)} \tag{5.1}$$

Sur la base de ces déductions, le système d'équations original se réduit à l'expression suivante, où les inconnues restantes sont les constantes empiriques E_{m0} et K_E :

$$V_0 = E_{m0}$$
$$V_1 = E_{m0} - K_E(273+\theta)(1-SOC_{fin}) = V_0 - K_E(273+\theta)(1-SOC_{fin})$$

En remaniant ces dernières, on obtient les paramètres désirés :

$$E_{m0} = V_0 \tag{5.2}$$

$$K_E = \frac{V_0 - V_1}{(273+\theta)(1-SOC_{fin})} \tag{5.3}$$

5.2.4 - Paramètres de la résistance interne R_0

Ce paramètre représente la résistance interne aux bornes de la cellule, et par conséquent est plus influent à l'application et à l'annulation de la charge de courant sur celle-ci. Il est responsable des brusques chutes de tension à ces conditions d'opération, donc <u>au début (V_0-V_2) et à la fin (V_4-V_3) de l'application du courant</u>. Il est évidemment défini sous forme de résistance électrique, donc le système d'équations le représentant, basé sur (4.2) et toujours extrait à partir des 4 essais de décharge exemplifiés par (Fig. 5-3), est le suivant :

$$\frac{V_0 - V_2}{I} = R_{0,début} = R_0(\theta_{début}, SOC_{début}) = R_{00}\left[1 + A_0(1 - SOC_{début})\right]$$

$$\frac{V_4 - V_3}{I} = R_{0,fin} = R_0(\theta_{fin}, SOC_{fin}) = R_{00}\left[1 + A_0(1 - SOC_{fin})\right]$$

La logique appliquée au calcul de E_m s'applique également ici, donc $SOC_{début} = 1$ à charge pleine et SOC_{fin} est déterminé par (5.1). On peut donc réduire le système de la façon suivante :

$$\frac{V_0 - V_2}{I} = R_{00}$$

$$\frac{V_4 - V_3}{I} = R_{00}\left[1 + A_0(1 - SOC_{fin})\right] = \left(\frac{V_0 - V_2}{I}\right)\left[1 + A_0(1 - SOC_{fin})\right]$$

d'où il est possible d'extraire les paramètres désirés, représentés par les inconnues R_{00} et A_0 :

$$R_{00} = \frac{V_0 - V_2}{I} \tag{5.4}$$

$$A_0 = \frac{\left(\dfrac{V_4 - V_3}{V_0 - V_2}\right) - 1}{1 - SOC_{fin}} \tag{5.5}$$

5.2.5 - Paramètres du bloc R_1-C_1

Le bloc R_1-C_1 et sa constante de temps τ_1, sont responsables de la modélisation du délai associé à la lenteur du procédé chimique de la cellule (4.3-4.5). Il est possible d'utiliser cette connaissance pour identifier son influence sur le modèle par <u>la montée de tension exponentielle après la coupure de la charge de courant</u>, entre V_4 et V_1 sur (Fig. 5-3).

La valeur de τ_1 est simplement le relevé du temps écoulé entre les points V_4 et V_1, une valeur initiale qui sera largement ajustée manuellement lors du raffinement du modèle, alors que la résistance R_1 est responsable de la différence de potentiel observée entre ces deux points :

$$R_1 = \frac{V_1 - V_4}{I} \tag{5.6}$$

De cette dernière déduction, il est possible de remanier (4.3) et d'obtenir le paramètre R_{10} :

$$R_{10} = -\frac{V_1 - V_4}{I \times \ln(DOC)} \tag{5.7}$$

Par contre, cette approche présente un problème qu'il sera nécessaire de régler de façon plus créative. En effet, le paramètre R_{10} est défini en fonction de la profondeur de charge, DOC, comme l'indique (5.7). Tel que défini par l'équation (4.12), la valeur de DOC est déterminée par la capacité en fonction du courant et de la température, elle-même décrite originalement par (4.13) et par les tables de référence ajoutées selon les modifications proposées. Toutefois, ces deux approches ont la particularité d'être calculées à partir du courant filtré par le bloc R_1-C_1, plus précisément aux bornes de R_1. Il est donc impossible de déterminer DOC sans R_1, et vice-versa, tous deux à leur tour nécessaires pour déterminer précisément R_{10}.

Par contre, il est possible de limiter les valeurs possibles du paramètre R_{10} par la démarche suivante. On sait d'abord qu'en tout temps durant les tests, DOC sera supérieur à 0, en raison des conditions imposées. Comme DOC considère la perte de capacité en fonction du courant, alors que SOC considère uniquement la température (sans charge), DOC aura nécessairement toujours une valeur en-dessous de SOC. Finalement, SOC lui-même est limité supérieurement à 1, par sa propre définition. À partir de ces déductions, on peut estimer par (4.3) que la valeur de R_{10}, calculée par DOC, sera toujours inférieure à R_{10} calculé par SOC. En résumé, on obtient le système suivant :

$$0 < DOC < SOC < 1 \mapsto R_{10} < \frac{R_1}{-\ln(SOC)}$$

En utilisant la valeur calculée de SOC_{fin} par (5.1) pour chacun des tests, il est donc possible de cerner la plage de valeurs maximale et minimale de R_{10}. Il suffit alors de déterminer par simulation des valeurs de R_{10}, situées dans ces bornes qui correspondent le mieux aux valeurs observées expérimentalement.

5.2.6 - Paramètres de la branche parasite

La branche parasite du modèle est décrite par les équations (4.6-4.8). Comme cette branche entre en jeu uniquement lors de la recharge, simulant les pertes encourues durant le procédé, il est évidemment nécessaire de procéder à sa caractérisation autrement que par des tests de décharge.

Une analyse du système indique qu'il est possible d'isoler cette branche lorsque la batterie est complètement chargée, mais tout de même soumise à une tension et un courant : dans ces conditions, pratiquement aucun courant ne circule dans la branche principale I_m, le seul courant mesuré étant dirigé dans la branche parasite, I_p. La tension appliquée devra correspondre à 2.4V par élément, ou 9.6V par monobloc, soit 28.8V pour le banc de trois batteries à l'étude. De cette façon, on assure d'être pleinement en processus de recharge.

Cette tension aux bornes de la batterie correspond directement au paramètre V_{PN} de (4.8). Les paramètres restants sont les inconnues du système, soient G_{p0}, V_{p0} et A_p. En effectuant des lectures par ce protocole à trois couples courant-température, on obtient un système soluble de 3 équations et 3 inconnues, qui permet de dériver ces constantes, telles que présentées au Tableau 5-3 ci-dessous.

Tableau 5-3. Paramètres de la branche parasite

Paramètres de la branche parasite	
Ep_0 (V)	1,94
Vp_0 (V)	0,12
Gp_0 (S)	2,19E-12
A_p (n/a)	2,1

5.2.7 - Paramètres du modèle thermique

Le modèle de batterie proposé ici inclut l'évolution de la température interne de la batterie, déterminée selon les équations (4.9), (4.10) et (4.16). Ces équations font usage de deux paramètres supplémentaires, la capacité thermique C_θ et la résistance thermique R_θ, qu'il est nécessaire de définir également.

L'approche la plus simple dans cet objectif est la réalisation d'un test à l'aide d'un four ou autre élément chauffant, comme la chambre climatique construite ici, ainsi qu'une sonde de température fixée aux bornes de la batterie testée. Il suffit alors de porter la batterie à une température différente de l'ambiant (par exemple, 35 °C pour un ambiant de 25 °C), de la retirer de l'enceinte et d'enregistrer l'évolution de sa température subséquente. À l'aide de calculs de base de thermodynamique, il est théoriquement possible d'utiliser les données mesurées afin de déterminer la capacité et la résistance thermique manquante.

Toutefois, l'auteur de l'article d'origine [39] mentionne spécifiquement que plusieurs des paramètres présents dans son modèle varient très peu entre des batteries individuelles de construction similaire, dont ceux-ci. Dans le but de simplifier la procédure de caractérisation, les valeurs présentes dans ce document seront donc utilisées pour combler le modèle thermique, tels que présentés au Tableau 5-4 ci-dessous.

Tableau 5-4. Paramètres du modèle thermique

Paramètres thermiques	
C_θ (Wh/°C)	15
R_θ (°C/W)	0,2

Bien évidemment, une caractérisation plus poussée de ces paramètres est à envisager pour la complétion du projet du Némo, car bien que les paramètres de batteries individuelles peuvent être approximés ainsi, ceci est faux dans une optique de thermodynamique complète, où la banque de batteries en entier doit être considérée.

Ainsi, selon la disposition des batteries à l'intérieur du véhicule et les unes par rapport aux autres (sur les côtés du pack plutôt qu'au centre, par exemple), un modèle complexe de distribution thermique, avec différents gradients, résistances et capacitances thermiques pour chaque monobloc individuel, doit être élaboré. Cependant, pour les besoins du projet, cette première approche est jugée suffisamment précise.

5.3 - Caractérisation du « coup de fouet »

Un paramètre qu'il est utile d'isoler ici est R_2, décrit par (4.4). Ce dernier vise à modéliser uniquement un phénomène particulier des batteries acide-plomb, nommé « coup de fouet » dans la littérature [46], dont l'allure est décrite par la Figure 5-4.

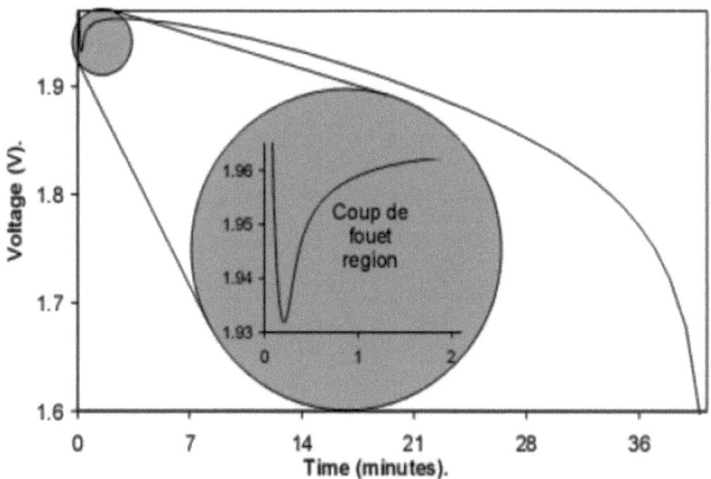

Figure 5-4. Phénomène du « coup de fouet » [46]

Ce phénomène est décrit par le comportement électrochimique de diffusion de la cellule lors de la décharge, qui se décompose selon les étapes suivantes :

1- Chute instantanée de tension à l'application du courant : dû à la résistance interne de la cellule;
2- Baisse exponentielle de la tension : beaucoup d'ions Pb^{2+} sont présents dans les plaques, mais seul l'acide déjà « absorbé » dans les plaques est disponible et se consomme;
3- Remontée graduelle de tension : la consommation de l'acide dans les plaques entraîne un phénomène de diffusion de l'extérieur vers l'intérieur de celles-ci, donc la tension augmente et tend à se stabiliser;
4- Stabilisation de la tension : les réactions électrochimiques et la dynamique de diffusion prennent pleinement place, la décharge

proprement dite débute.

Le coup de fouet est défini par les étapes 1 à 3 de ce comportement. En raison de son influence très faible sur la performance globale du système, la résistance R_2 (Fig. 5-5) fut ignorée lors de la détermination expérimentale proprement dite. Toutefois, il est possible de la déduire par une procédure additionnelle. En effet, il est possible d'utiliser les paramètres originaux du modèle afin de cerner l'influence du coup de fouet sur la tension.

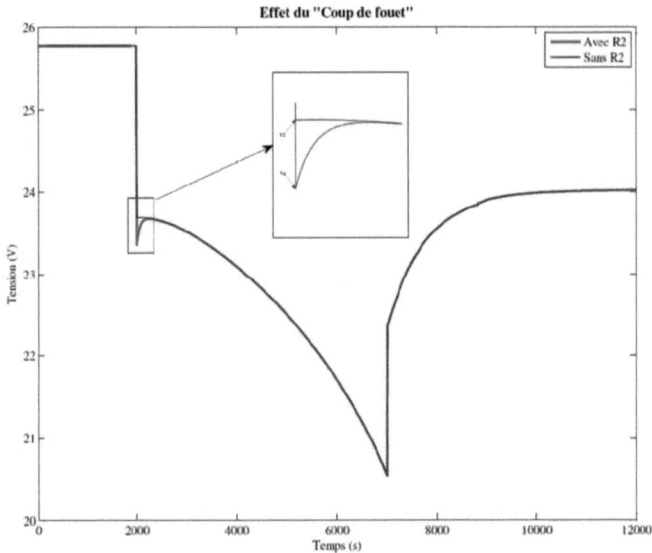

Figure 5-5. Effets du coup de fouet (R_2) sur la tension

On observe en effet que le paramètre R_2 est le résultat d'une chute de tension supplémentaire au début du cycle de décharge, qui disparaît rapidement avec une légère baisse de l'état de charge, *SOC*. Le temps nécessaire afin d'atteindre cette annulation se décrit de la même façon que le délai τ_1 observé lors de la coupure du courant, mais inversée. Cependant, l'équation originale est elle-même lourde de 5 paramètres nécessitant des tests particuliers pour leur identification.

Toutefois, l'observation du comportement de la tension sur les tests de décharge déjà disponibles (Fig. 5-5) permet la réduction du problème à une résistance (R_{20}) soumise à une baisse exponentielle rapide selon une faible chute de *SOC*. Par ces déductions, on peut approximer (4.4) dans une nouvelle forme, plus simple à identifier et sans perte appréciable de précision:

$$R_2 = R_{20} \exp[A_{20}(1 - SOC)] \tag{5.8}$$

Cette nouvelle formulation décrit donc une chute de tension, égale à R_{20}, qui décroît exponentiellement en fonction de l'état de charge *SOC*, et dont la vitesse de décroissance est en fonction d'une nouvelle constante de temps, A_{20}. Pour quantifier ces nouveaux paramètres, il suffit d'analyser les valeurs observées lors des tests de décharge et d'en relever les points V_p et V_2 de la Figure 5-6.

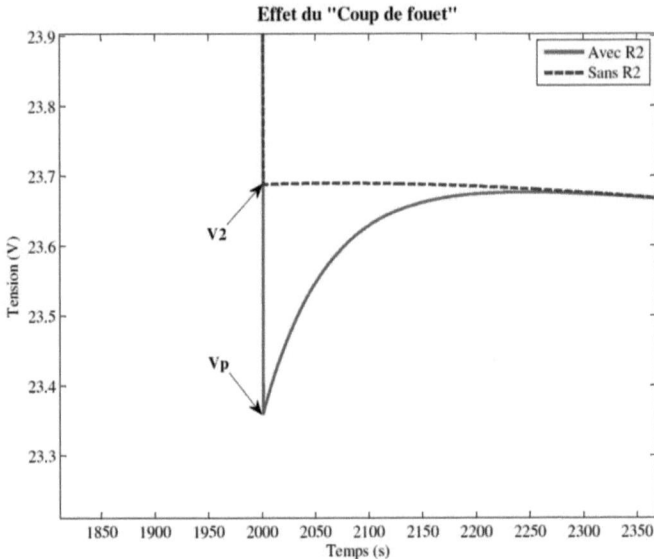

Figure 5-6. Points à relever pour l'évaluation de R_2

D'où on tire R_{20}, selon la même procédure que les autres résistances du modèle :

$$R_{20} = \frac{V_2 - V_p}{I} \tag{5.9}$$

En ce qui concerne la constante de remontée de tension A_{20}, il suffit de mesurer directement le temps requis de la chute initiale jusqu'à stabilisation. Il est également simple d'ajuster sa valeur, si nécessaire, lors de la simulation afin de mieux superposer la tension du modèle à la valeur expérimentale.

5.4 – Caractérisation expérimentale du modèle de batterie

En utilisant le protocole expérimental décrit précédemment, une première série de 4 tests de décharge à différents couples de courant-température fut réalisée, dont les paramètres nominaux figurent au Tableau 5-5.

Tableau 5-5. Couples de courant-température utilisés pour les tests de décharge

Test	1	2	3	4
Courant (A)	50	75	50	75
Température (°C)	28	28	40	45

Ces tests utilisent le banc d'essai réalisé à cette fin pour le contrôle du courant l'acquisition de données, et la chambre climatique associée pour le contrôle de la température. Suite à ces tests, les courbes expérimentales de décharge suivantes furent extraites à l'aide du système d'acquisition LabView® inclus dans le banc d'essai (Fig. 5-7).

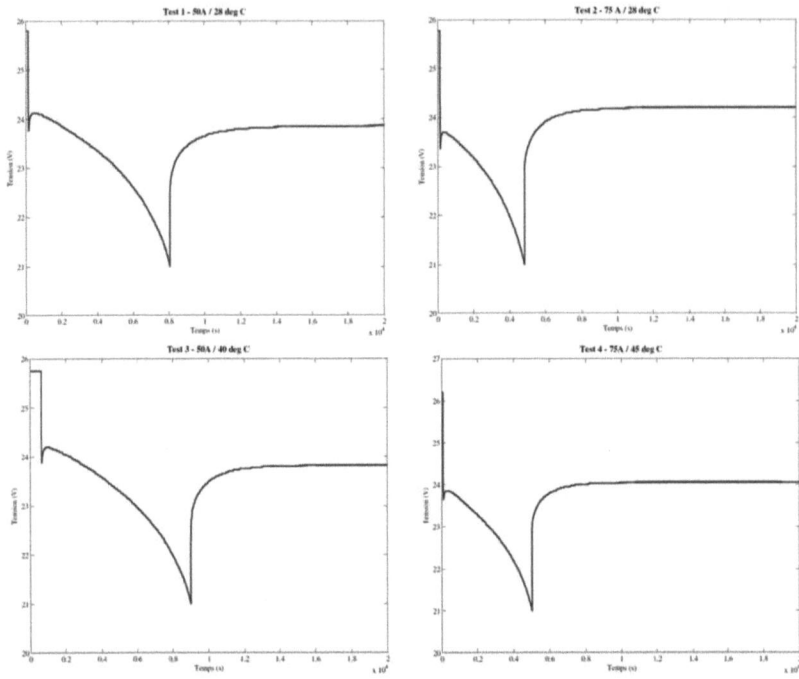

Figure 5-7. Résultats expérimentaux des 4 tests de décharge initiaux

Ces séries de données ne sont évidemment pas très loquaces d'elles-mêmes. Il fut dont nécessaire d'en extraire les points d'intérêt, présentés par la Figure 5-3, et de procéder à la déduction des valeurs associées, comme l'état de charge restant et le temps de décharge (Tableau 5-6). À noter que les valeurs sont celles d'une cellule individuelle, dont chaque monobloc du banc de 3 batteries mesuré comprend 4 cellules; en conséquence, les tensions présentées ici furent par conséquent divisées par 12 depuis la lecture originale.

Tableau 5-6. Points d'intérêt des 4 tests de décharge initiaux

Essai	1	2	3	4
Courant théorique	50	75	50	75
Température	28	28	40	45
Courant mesuré	49,5	74,5	49,5	74,5
V_0	2,150	2,148	2,146	2,183
V_1	1,983	2,015	1,983	2,002
V_2	2,010	1,975	2,017	1,988
V_3	1,750	1,750	1,750	1,750
V_4	1,896	1,897	1,854	1,899
V_p	1,983	1,948	1,990	1,971
Qe (Ah)	109,2	97,4	115,2	102,6
τ_1	3585	4257	4143	3215
$SOC_{début}$	1	1	1	1
SOC_{fin}	0,148	0,186	0,101	0,143

5.4.1 - Calcul des paramètres

Les valeurs extraites précédemment furent ensuite utilisées pour extraire une variété de paramètres nécessaires au modèle de batterie, fidèlement aux équations (5.1 – 5.9). Les valeurs paramétriques de cette première étape sont présentées au Tableau 5-7 ci-dessous.

Tableau 5-7. Paramètres extraits des 4 essais initiaux

Essai	1	2	3	4
$Em_{début}$	2,150	2,148	2,146	2,183
Em_{fin}	1,983	2,015	1,983	2,002
Em_0	2,150	2,148	2,146	2,183
K_E	0,000650	0,000544	0,000578	0,000665
$R_{0\,début}$	0,00282	0,00232	0,00261	0,00263
$R_{0\,fin}$	0,00295	0,00197	0,00210	0,00199
R_{00}	0,00282	0,00232	0,00261	0,00263
A_0	0,053	-0,187	-0,219	-0,282
R_1	0,00177	0,00158	0,00262	0,00139
$R_{10\,max}$	0,00093	0,00094	0,00114	0,00071
R_{20}	-0,000547	-0,000364	-0,000547	-0,000224

Ces paramètres calculés expérimentalement furent en premier lieu appliqués directement au modèle de batterie, et soumis à un profil de charge de courant virtuel extrait des lectures du banc d'essai; le profil de tension ainsi généré fut directement superposé aux résultats expérimentaux, illustrés à la Figure 5-7.

Par contre, les résultats de simulation observés, bien que remarquablement près de la réalité, furent moins qu'idéaux, notamment en raison du paramètre approximatif R_{10}, qu'il était déjà prévu d'ajuster en simulation selon (5.7), et bien évidemment des imprécisions intrinsèques à la procédure expérimentale, comme le choix précis des points de la Figure 5-3. Afin d'obtenir des résultats optimaux du modèle de batterie, une phase de raffinement des paramètres de chacun des tests individuels fut entreprise.

Chacun des paramètres déterminés expérimentalement fut donc inscrit dans le modèle et le résultat de simulation superposé à la courbe expérimentale, le tout à même le logiciel Matlab/Simulink®, qui permet l'extraction de variables à partir de fichiers externes, comme les bases de données Excel® contenant les résultats du banc d'essai. Ensuite, les paramètres individuels furent finement ajustés afin d'obtenir une superposition quasi parfaite des deux courbes de tension. Les résultats de cette opération sont représentés à la Figure 5-8.

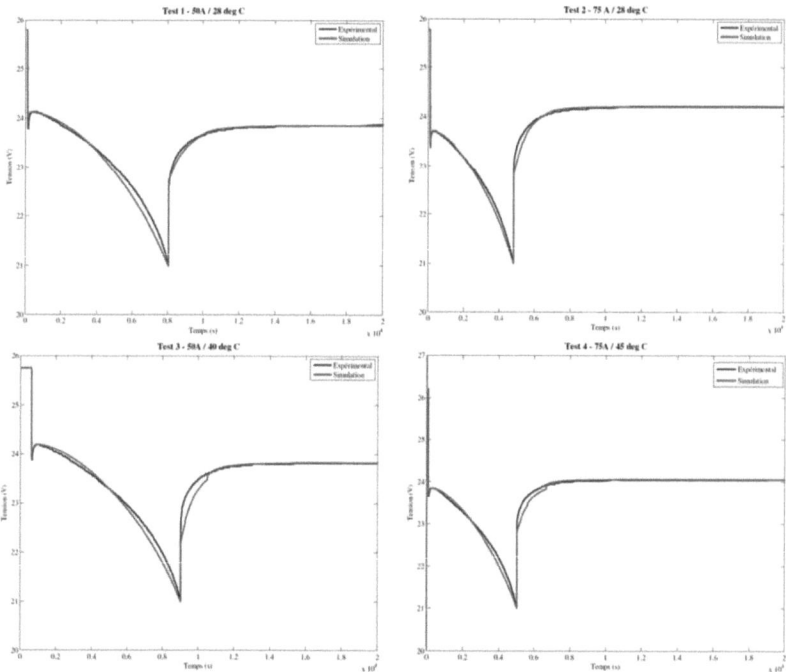

Figure 5-8. Ajustement du modèle aux données expérimentales

On constate donc une correspondance presque idéale entre les courbes expérimentales et simulées, ce qui indique le succès de l'opération. À noter cependant que malgré l'ajustement des différents paramètres expérimentaux, l'écart maximal d'ajustement observé entre la valeur mesurée et ajustée fut observée au maximum en-dessous de 20% (excluant évidemment R_{10}), et que la majorité d'entre eux (Em_0, R_{00}, A_0, R_{10}, R_{20}) ne nécessitèrent aucune retouche.

5.4.2 - Corrections du modèle de batterie

Les résultats observés à la Figure 5-8 furent de plus obtenus à la suite de modifications subséquentes du modèle de batterie original, déduites lors de la comparaison initiale entre les résultats expérimentaux et de la simulation, réalisée pendant le processus d'ajustement des paramètres.

Tout d'abord, la première modification, tirée des observations de la courbe de tension simulée durant la décharge initiale (de V_2 à V_3), représentant la perte graduelle de force électromotrice de la batterie E_m en fonction de la baisse de l'état de charge SOC, telle que définie par (4.1). On observe un écart marqué entre la courbe simulée et la courbe expérimentale dans cette région particulière, malgré que les points de début et de fin V_2 et V_3 soient superposés, qui s'explique par la modélisation de E_m de façon linéaire selon SOC, alors que son comportement réel est visiblement mieux décrit par une fonction exponentielle. De cette déduction, il est donc simple d'apporter la correction correspondante au modèle original, ajoutant un facteur exponentiel ξ à (4.1), ce qui résulte en l'équation suivante.

$$E_m = E_{m0} - K_E(273+\theta)(1-SOC)^\xi \qquad (5.10)$$

Le graphe comparatif de la Figure 5-9 illustre bien l'effet de cette modification et ses répercussions sur la fidélité du modèle de batterie. On observe aisément l'effet exponentiel dans le premier segment de décharge entre la courbe originale (en rouge) et la modifiée (en bleu). À titre de référence, la courbe expérimentale est également incluse en vert. En effet, le paramètre ξ a pour résultat d'ajouter un effet exponentiel décroissant au modèle de simulation, résultant en une « courbe » plus arrondie qui correspond mieux à la réalité observée expérimentalement.

À noter que l'annulation du nouveau paramètre ξ dans la courbe rouge, réalisée pour les besoins de cette représentation, induit également une erreur (< 1%) de la tension au reste du modèle, plus apparent à V_1 et V_3 en raison de l'échelle rapprochée de la figure. Ceci est tout naturel étant donné que les autres paramètres de simulation durent être ajustés en réaction aux modifications provoquées par l'ajout de ξ; son retrait crée nécessairement une perturbation responsable du phénomène observé.

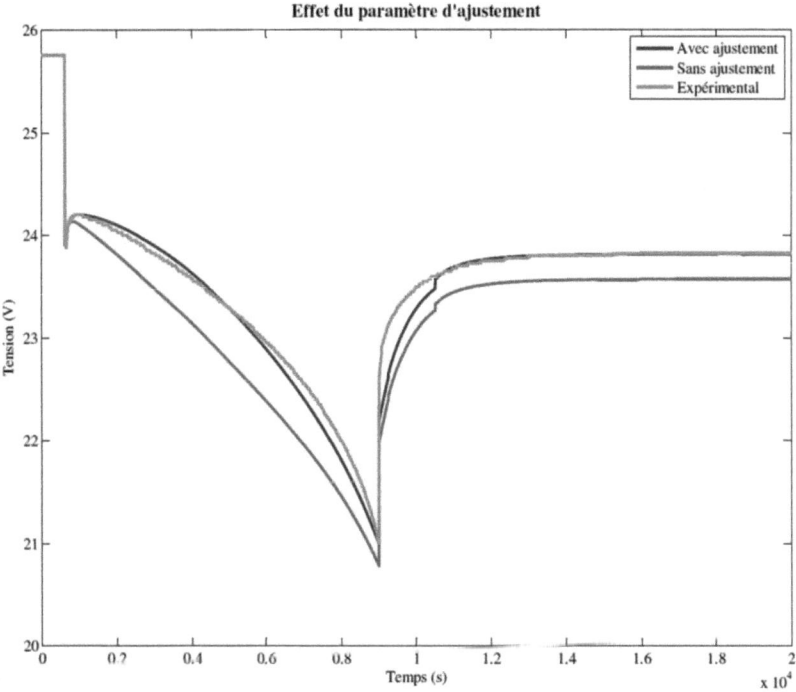

Figure 5-9. Effet du facteur d'ajustement exponentiel ξ

On peut également observer sur la Figure 5-9 une légère (0.09V, soit 0.38% de la tension mesurée) mais soudaine montée de tension lors de la remontée finale des courbes simulées. Ce phénomène s'explique par la méthode de programmation du modèle de capacité de la batterie, qui fut modifié pour travailler à partir de tables de référence.

En référant à la Figure 4-3 de ce modèle, on note que le modèle fut bâti à partir de 5 courbes distinctes de capacité-température, choisies selon le régime de décharge en cours. L'échelon observé ici est indicatif de la transition subite du modèle entre deux de ces courbes, dont le choix est déterminé par le courant, retiré ici au point V_3. Ce dernier est filtré et soumis à un délai égal à τ_1, ce qui explique également pourquoi la transition n'a pas lieu directement au point V_3.

5.4.3 - Validation du modèle

La section précédente a démontré que le modèle de batterie pouvait reproduire très fidèlement le profil de tension d'une batterie réelle, dans des conditions de température et de courant données. Cependant, comme celui-ci sera utilisé au cœur d'un modèle de véhicule électrique, il doit pouvoir émuler le comportement des batteries dans une large plage de courants et de conditions d'opération.

Comme première étape de cette procédure, chacun des paramètres calibrés lors dans la section précédente furent compilés en une moyenne, dont les résultats sont présentés par le Tableau 5-8.

Tableau 5-8. Paramètres ajustés et moyennés du modèle

Essai	1	2	3	4	Moyenne
Courant théorique	50	75	50	75	
Température	28	28	40	45	
Courant mesuré	49,5	74,5	49,5	74,5	
Capacité nominale	128,2	119,7	128,2	119,7	
τ_1	1500	1100	1200	1000	**1200**
R_{00}	0,00282	0,00232	0,00261	0,00263	**0,00260**
A_0	0,053	-0,147	-0,259	-0,282	**-0,159**
Em_0	2,15	2,148	2,146	2,183	**2,157**
K_E	0,000760	0,000616	0,000680	0,000792	**0,000712**
ξ	2	1,6	1,75	1,55	**1,725**
R_{10}	0,00100	0,000945	0,00124	0,000720	**0,000976**
R_{20}	0,000507	0,000364	0,000507	0,000198	**0,000394**
A_{20}	-200	-100	-125	-150	**-143,75**

Le but de cette procédure est d'évaluer l'écart de performance du modèle lorsqu'on s'éloigne des conditions pour lesquelles il fut paramétré. De prime abord, on observe que plusieurs de ces derniers (τ_1, R_{00}, Em_0, K_E, ξ) sont dans des plages de valeurs comparables malgré les différences de conditions d'opération; on suppose donc qu'ils sont plus ou moins constants pour une batterie donnée. Par contre, leur variation n'est pas non plus négligeable, pas plus que celle des éléments plus sensibles du modèle; il n'en demeure pas moins qu'une moyenne de ces paramètres pourrait potentiellement fournir des performances acceptables. Afin de tester cette hypothèse, les paramètres moyennés, présentés à la colonne de droite dans le Tableau 5-8, furent inscrits dans le modèle, et ce dernier fut soumis aux mêmes conditions de charge que chacun des 4 tests d'origine. Les résultats de simulation de ce modèle « moyen » furent ensuite superposés aux courbes de tension expérimentales, dont le résultat est présenté ci-dessous (Fig. 5-10)

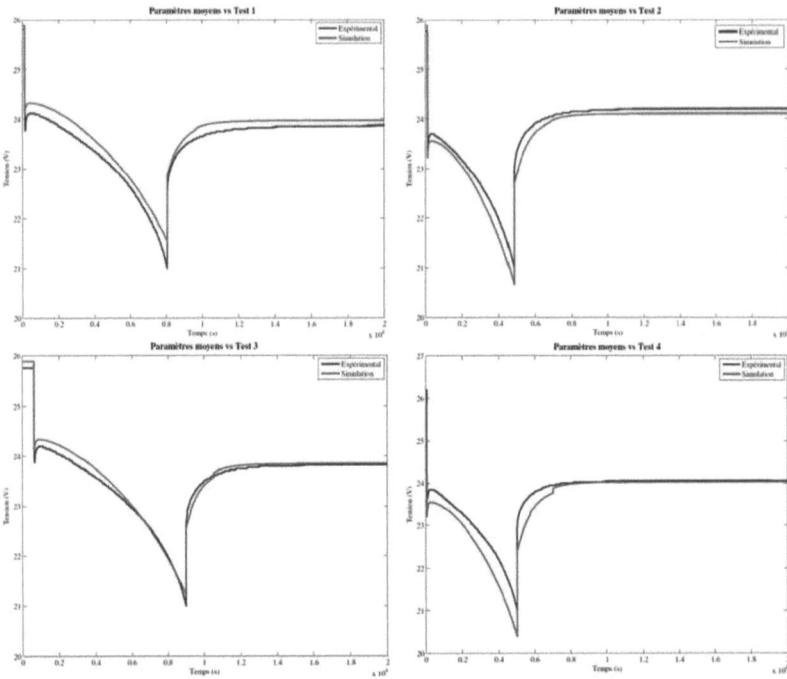

Figure 5-10. Validation expérimentale du modèle avec paramètres moyennés

On observe facilement que les résultats de ce nouveau modèle, bien qu'issu de paramètres approximatifs et visiblement moins précis que les tests individuels, semble prometteur. Un examen plus attentif démontre que l'erreur maximale encourue lors de cette simulation est de l'ordre de 2.86%, ce qui est en effet un gage de succès. On remarque également que les courbes montrent des signes évidents d'être extraits d'une moyenne entre les deux séries de paramètres : la tension est surévaluée pour les tests à 50A, mais sous-évaluée pour ceux à 75A.

5.5 - Tests supplémentaires et modifications finales

La discussion précédente démontra en effet qu'il existe une certaine plage de variation des paramètres du modèle permettant d'obtenir des performances acceptables, en-dessous de 3% d'écart face à la réalité. Par contre, elle démontre du même coup que le modèle est effectivement dépendant du courant de décharge auquel on compte l'utiliser. Bien que la pratique d'usage propose de déterminer une courant d'utilisation « moyen » fixe prévu pour la batterie et de maintenir son utilisation dans des valeurs environnantes, cette hypothèse est inacceptable dans le cas d'un véhicule électrique.

En effet, bien que cette simplification soit valide pour plusieurs applications à courant plus stable (cellules photovoltaïques, éoliennes, démarrage, etc.), un véhicule électrique, selon son profil d'utilisation et une panoplie de facteurs externes, impose continuellement une très large variété de courants à sa banque de batteries. Le choix d'un courant unique est dès lors impossible, et bien que la démonstration précédente indique qu'un écart de 25A entre deux tests permet d'obtenir des résultats acceptables, s'aventurer loin au-delà de ces bornes résulterait en une perte considérable de précision.

La solution proposée ici est de recueillir des données expérimentales pour une large plage de courants, d'en extraire les paramètres pertinents et d'inclure la totalité de ceux-ci dans le modèle de batterie; pour ce faire, il est d'abord nécessaire de définir les limites de cette plage de courants. Toutefois, cette question de prime abord très simple se complique lorsqu'on observe les courants tirés par le véhicule Némo lors de son opération, dont l'étude figure dans le *Chapitre 6 – Caractérisation expérimentale du modèle de VEH.*

5.5.1 – Choix d'une plage de courants expérimentale

En bref, le Némo, lorsqu'utilisé dans les limites d'usage prescrites par son fabricant, tire fréquemment des puissances d'au-delà de 22 kW, soit plus de 300A de courant pour une banque de batteries de 72V. Une telle utilisation va bien au-delà des spécifications de plusieurs de ses composantes, notamment son moteur de 4.8 kW, qui opère ainsi plus de 4 fois au-dessus des limites de sa conception, mais également de ses batteries, dont les spécifications de décharge maximales, C_l, sont limitées à 111A. Ces observations suggèrent d'ailleurs que ce phénomène est une des raisons majeures de la dégradation exagérée des batteries du véhicule, ce qui sera discuté en détail dans le *Chapitre 8– Discussion et conclusions*.

Il est bien entendu déraisonnable de créer un protocole expérimental utilisant des courants aussi susceptibles d'endommager les batteries. Il fut donc déterminé de limiter ce dernier à des valeurs aux alentours des courants prescrits par le manufacturier des batteries, du moteur ainsi que de son contrôleur, dont les spécifications figurent respectivement en Appendice A-2. A-5 et A-6. On obtient ainsi les valeurs du Tableau 5-9.

Tableau 5-9. Tests supplémentaires de décharge (5, 6 et 7)

Test	1	2	3	4	5	6	7
Courant (A)	50	75	50	75	25	100	125
Température (°C)	28	28	40	45	25	25	25

Comme guide principal, les paramètres du contrôleur du moteur furent considérés : ceux-ci indiquent un courant maximal d'opération de 300A, ce qui correspond aux valeurs limites observées expérimentalement, mais également une valeur maximale « 1 heure » soutenue de 100A; cette valeur de courant fut donc choisie comme limite supérieure de courant lors des expérimentations futures. Toutefois, pour ce qui a trait aux batteries, il est pertinent d'effectuer une ronde de tests à des valeurs légèrement supérieures, soit 125A, car il est probable que les lectures pratiques du Némo sur le terrain, bien qu'oscillant autour de la valeur limite de 100A choisie, dépasseront cette borne. Par conséquent, il est nécessaire de caractériser cette plage de courants de décharge afin de fournir des résultats précis de simulation.

Par ce choix de courants et de températures, on obtient donc une série de valeurs plus raisonnables afin de réaliser les tests de décharge, même si elles sont légèrement au-delà des limites prescrites des batteries. Pour ce qui est du moteur, un courant de 125A implique une puissance de 9 kW, presque le double de sa valeur nominale. Cependant, l'opération du Némo indique que ce dernier réussit à opérer dans une plage plus de 2 fois supérieure sans dommages apparents, donc elle sera jugée acceptable dans les limites de cette expérience.

À noter que cette nouvelle ronde de tests implique au départ 3 tests supplémentaires aux 4 déjà réalisés ci-dessus, tous à température ambiante afin de fixer une base de comparaison; il est évidemment approprié de tester le modèle pour une large variété de températures, mais ceci sera exclus pour le moment présent afin de demeurer dans les limites pratiques allouées à ce travail.

Point à souligner également, le choix de cette plage de courants influencera à son tour la caractérisation du véhicule. En effet, il est peu intéressant d'étudier celui-ci dans un mode d'utilisation qu'on sait dommageable à son intégrité. Cela impliquera donc une limite de vitesse réduite et un profil d'accélération contrôlé afin de limiter son appel de puissance aux valeurs choisies ici. Les tests de celui-ci figurent en détail au *Chapitre 6 – Caractérisation expérimentale du modèle de VEH*.

5.5.2 – Modification finale du modèle de batterie

Les données extraites, ainsi que toutes autres valeurs expérimentales de décharge des batteries, seront utilisées afin d'extraire les paramètres afférents à chaque expérimentation, par la même méthode décrite dans les paragraphes précédents. À la base, ceci fournira déjà 7 séries de paramètres couvrant la plage d'opération choisie de 0 à 125A. De plus, la simplicité et la pertinence d'utiliser des paramètres moyennés entre deux courants conjoints fut démontrée lors de l'expérimentation initiale : cette opération sera donc répétée entre les tests à 25A, 50A, 75A, 100A et 125A, amenant le total des séries de paramètres à 11.

Le modèle lui-même sera également lourdement modifié afin d'utiliser les paramètres correspondant à chaque régime de décharge qui lui est imposé. Il est donc raisonnable de déclarer que par cette méthode, l'erreur sur la tension de batterie prédite par la simulation, dans la totalité de la plage de courants étudiée, ne devrait pas dépasser 3%. De plus, les données de tous tests de décharge subséquents pourront être ajoutées directement au modèle, améliorant d'autant plus sa précision. Pour le cas présent, cette banque de 11 séries de paramètres est jugée plus que suffisante (Tableau 5-10),

Tableau 5-10. Paramètres finaux du modèle de batterie

Essai	5	Moyenne	1	3	Moyenne	2	4	Moyenne	6	Moyenne	7
Courant théorique	25	37,5	50	50	62,5	75	75	87,5	100	112,5	125
Température	25	26,5	28	40	35,25	28	45	26,5	25	25	25
Courant mesuré	24,5	37	49,5	49,5	62	74,5	74,5	87	99,5	112	124,5
Capacité nominale	144,7	136,45	128,2	128,2	123,95	119,7	119,7	116,75	113,8	110,75	107,7
τ_1	1300	1400	1500	1200	1200	1100	1000	1050	1000	900	800
R_{00}	0,00485	0,00384	0,00282	0,00261	0,00260	0,00232	0,00263	0,00243	0,00253	0,00246	0,00238
A_0	-0,375	-0,161	0,0530	-0,259	-0,159	-0,147	-0,282	-0,373	-0,598	-0,618	-0,638
Em_0	2,163	2,1565	2,15	2,146	2,157	2,148	2,183	2,149	2,15	2,154	2,158
K_E	0,00132	0,00104	0,000760	0,000680	0,000712	0,000616	0,000792	0,000846	0,00108	0,000959	0,000842
$\frac{1}{2}$	2	2	2	1,75	1,725	1,6	1,55	1,45	1,3	1,15	1
R_{10}	0,00390	0,00245	0,00100	0,00124	0,000976	0,000945	0,000720	0,00137	0,00180	0,00189	0,00197
R_{20}	0,0000850	0,000296	0,000507	0,000507	0,000394	0,000364	0,000198	0,000214	0,000063	0,000097	0,000131
A_{20}	-100	-150	-200	-125	-143,75	-100	-150	-115	-130	-140	-150

Cette nouvelle campagne de tests fut réalisée, paramétrée, raffinée et moyennée selon la même méthode que les 4 premiers essais, présentés au cours de cette section. Afin de vérifier la validité du modèle final, un test de décharge par étages de 25A, couvrant la plage de 25A à 125A divisé en intervalles de 5 minutes, fut réalisé sur le banc d'essai et comparé aux résultats prédits par le modèle. Le fruit de cette comparaison est présenté ci-dessous à la Figure 5-11.

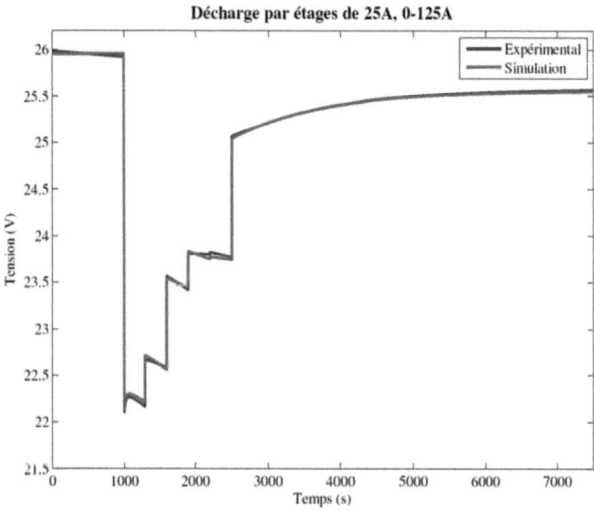

Figure 5-11. Validation expérimentale du modèle avec paramètres finaux

5.6 – Conclusion

D'abord, un protocole expérimental détaillé fut établi et réalisé en concordance avec les recommandations de la littérature sur le sujet. Les étapes prescrites furent réalisées consciencieusement, tout comme les installations nécessaires qui durent être construites, ce qui conduit à une série de paramètres caractérisés précisément autour d'un courant d'opération unique, tel que le modèle original le prévoit.

Cependant, cette expérimentation mit en lumière les limitations du modèle d'origine et les modifications nécessaires afin de s'appliquer correctement à l'environnement d'un VEH, notamment l'utilisation d'une large plage de courants. Le modèle fut donc modifié en conséquence et une campagne complète de caractérisation, couvrant la plage totale des courants prescrits par le manufacturier des batteries (même au-delà), fut complétée, avec des résultats très convaincants.

Ces résultats démontrent la précision du modèle et la validité de l'opération de caractérisation présentée ici. Ceci conclut donc ce chapitre, l'objectif visant à représenter fidèlement le comportement de la banque de batteries du véhicule étant complété avec succès. La caractérisation du véhicule lui-même poursuivra le travail dans la même voie, présentée au chapitre suivant.

Chapitre 6 - Caractérisation expérimentale du modèle du Némo

Un modèle de simulation n'est aussi valable que les paramètres qui le définissent. Bien qu'il soit possible d'élaborer des modèles mathématiques toujours plus raffinés, leur finalité reste la même : de représenter la réalité de façon aussi fidèle que possible. Dans cette optique, il est non seulement important de déterminer les besoins du projet de modélisation afin de cerner le niveau de précision requis, mais également d'évaluer la complexité de l'entreprise en fonction des moyens techniques disponibles. En résumé, il est inutile d'entreprendre une modélisation très pointue si on désire faire une étude économique à grande échelle; il est tout aussi futile de modéliser des procédés, simples ou complexes, qu'il est impossible de caractériser expérimentalement avec les ressources disponibles. Cette philosophie fut appliquée à tous les niveaux du modèle théorique présenté aux chapitres précédents, et est appliquée à la tâche de validation expérimentale qui suit.

Ce chapitre s'attarde donc sur l'éventail de procédures expérimentales réalisées dans le cadre du projet et les paramètres qui en furent tirés. Il débute de façon générale par une présentation du protocole général d'expérimentation, pour ensuite détailler les plans expérimentaux individuels, chacun étant destinés à caractériser une facette ou une composante du véhicule. Finalement, le modèle ainsi représenté sera validé par une série de séquences de simulation, comparées avec les mesures obtenues expérimentalement.

6.1 - Protocole expérimental général

Pour débuter cette section, il importe de tracer un plan général d'expérimentation afin d'évaluer chacun des aspects du modèle qu'il sera nécessaire de valider. L'objectif final de cette entreprise est l'obtention d'un modèle correspondant le plus possible à la réalité, le tout étant réalisé avec les moyens techniques disponibles à l'IRH.

Le point de départ des travaux fut de récupérer le maximum de données facilement mesurables avec peu de moyens, mais toutefois critiques au projet. Ceux-ci incluent le poids du véhicule, de ses composantes et les dimensions physiques de celui-ci. Il fut également nécessaire de rassembler le maximum de documentation technique sur tous les éléments présents à l'intérieur du véhicule et d'en extraire l'information pertinente.

Cependant, les documents techniques du fabricant ne sont pas suffisants pour caractériser le véhicule avec la précision requise, ce qui rend nécessaire l'élaboration de protocoles supplémentaires afin de caractériser expérimentalement les batteries, les différentes pertes mécaniques et électriques, le profil du moteur, le comportement routier et l'endurance du véhicule.

6.2 - Caractérisation générale du véhicule

Cette première étape s'intéresse à la définition de toutes les données facilement mesurables du véhicule. Il est cependant inutile de décrire une procédure détaillée, car les méthodes employées sont très élémentaires, comme l'utilisation d'un ruban à mesurer ou d'une balance. Les données techniques du fabricant figurent à l'Appendice A, mais les points d'intérêt principaux furent extraits et présentés dans le Tableau 6-1.

Tableau 6-1 – Paramètres d'intérêt du Némo

Poids (kg)	
Véhicule complet (avec pile, sans cyclindre)	1109
Pile PEM	91,1
Cyclindre hydrogène (plein)	54,6
Batterie 8V	30,1
Pneus et jantes	12,1
Dimensions (m)	
Longeur	3,51
Largeur	1,46
Hauteur	1,91
Pneus	
Identification	175/70R13
Diamètre	0,58
Efficacités	
Contrôleur	95%
Chargeur de batterie	92%
Puissances (kW)	
Pile PEM	0,5 à 2,5
Génératrice MCI	4,5

La seule particularité à noter est l'utilisation d'une balance industrielle externe à l'université, qui fut utilisée pour la mesure du poids total du véhicule. Celle-ci fut testée sommairement au préalable afin de déterminer sa précision, selon le protocole suivant.

- Mesure du poids du conducteur sur une seconde balance présente à l'université (191.9 lbs);
- Prise d'une lecture du poids du véhicule, avec son conducteur à bord (3440 lbs)
- Prise d'une seconde lecture, sans le conducteur à bord (3260 lbs);

- Comparaison des deux lectures (3440 − 3260 = 180 lbs);
- Vérification de la précision de la balance (191.9 lbs (réel)-180 lbs (mesuré) = 12 lbs);
- Précision déterminée suffisante avec − 12 lbs comme déviation mesurée.

6.3 – Protocole de caractérisation par tests routiers

Étant donné que le véhicule Némo est disponible pour valider le modèle, il est pertinent de faire une campagne de caractérisation directement à partir du système complet, non seulement sur ses composantes individuelles. Une des façons les plus simples est de procéder à une série de tests routiers. Cependant, cette opération nécessite une méthode rendant possible la prise de mesures utiles lors de l'utilisation du véhicule; il fut donc nécessaire d'instrumenter le véhicule en conséquence avant de pouvoir procéder.

6.3.1 - Instrumentation du Némo

L'instrumentation du véhicule, dans sa première phase, fut réalisée afin d'obtenir le maximum de valeurs utiles à la caractérisation. Cette opération requiert l'installation de plusieurs composantes à bord du Némo, incluant un ordinateur de bord, un écran, un module d'acquisition de données en temps réel compact (cRIO) (Fig. 6-1), ainsi qu'une batterie auxiliaire, un chargeur intelligent et un onduleur correspondant afin d'alimenter le système de façon indépendante. Le schéma complet des installations réalisées est disponible à l'Appendice B.

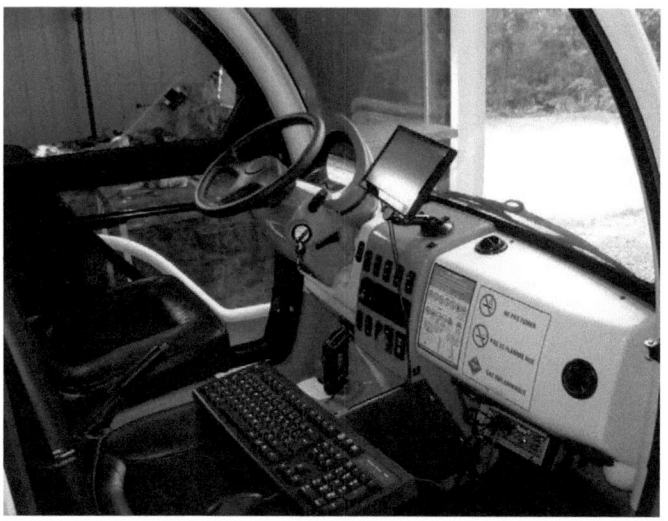

Figure 6-1. Instrumentation à bord du Némo

Évidemment, tous ces systèmes servent à supporter un logiciel d'acquisition de données, basé sur la plate-forme LabView® de National Instruments, et sont liés à une série de capteurs disséminés partout à l'intérieur du véhicule. Dans la phase initiale présentée ici, les données enregistrées en temps réel par les capteurs sont :

- La tension individuelle aux bornes de chacune des 9 batteries
- Le courant à la sortie du contrôleur, donc à l'entrée du moteur électrique
- Le courant circulant dans le système d'instrumentation
- Le courant circulant dans les relais du système d'instrumentation
- La vitesse de rotation individuelle de chacune des roues arrière
- Le débit d'hydrogène injecté dans la pile à combustible
- La tension de la pile à combustible
- Le courant fourni par la pile à combustible aux batteries

Le logiciel permet également de compiler les valeurs suivantes conjointement aux mesures des capteurs :

- La tension totale des 9 batteries en série
- La vitesse de déplacement moyenne du véhicule
- La distance parcourue par le véhicule
- Le temps écoulé parallèlement à chaque test

Celui-ci permet évidemment d'enregistrer toutes les données acquises au fur et à mesure des lectures, en plus de présenter une interface détaillée retournant toute l'information recueillie de façon efficace et intuitive. Voici un schéma simplifié de cette instrumentation (Fig. 6-2).

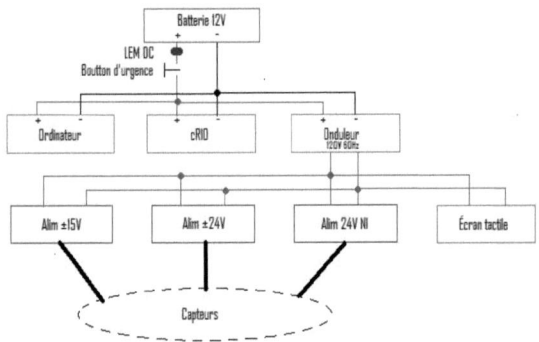

Figure 6-2. Schéma simplifié de l'instrumentation du Némo

6.3.2 - Protocole expérimental des tests routiers individuels

La première phase de tests routiers décrite ici aura trois objectifs distincts. Le premier et le plus intuitif est de servir de comparatif au modèle de simulation proposé, en imposant les profils de vitesse enregistrés directement au modèle et en comparant sa réponse aux données mesurées. Ceci ne nécessite pas de préparation particulière et peut utiliser les données réunies de tous les tests, à condition de bien fixer les conditions externes rencontrées (vitesse du vent, profil du terrain, etc.).

Le deuxième paramètre d'intérêt est l'endurance du véhicule selon une charge donnée. Pour ce faire, le véhicule sera conduit en boucle sur un circuit prédéfini jusqu'au drainage complet de ses sources d'énergie, et les données pertinentes seront tirées de l'expérience, comme son temps d'autonomie, sa dépense de carburant, la distance parcourue, etc.

Finalement, la troisième approche consiste à commander le véhicule selon des paramètres particuliers afin de manipuler les forces externes et internes applicables. Par une série de déductions conduites de la sorte, il sera possible d'isoler certains paramètres inconnus, comme par exemple le coefficient de friction pneu-route de ses pneus et son coefficient de résistance aérodynamique, et de les caractériser directement.

Dans tous les cas, les tests se résument à l'approche suivante :

1. Détermination du profil de conduite désiré en fonction des résultats escomptés;
2. Vérification des paramètres externes du test (poids, vitesse du vent, terrain);
3. Réalisation du test dans les conditions requises, et enregistrement des données par le système d'acquisition;
4. Interprétation des données récupérées afin d'en extraire l'information requise.

De plus, afin de rendre les valeurs des tests comparables entre elles, il fut nécessaire de noter tous les paramètres d'influence à chacune des expérimentations et d'ajuster ceux-ci lorsque faisable, et de les noter autrement. Ces paramètres sont :

A. L'état de charge des batteries à bord, qui doivent être complètement chargées sauf en cas d'avis contraire.
B. La pression des pneus du véhicule, qui doit être de 32 PSI (220.63 kPa) à chaque roue, selon les recommandations du fabricant.
C. Le poids du ou des conducteurs à bord, qui doit être mesuré et considéré dans l'interprétation des données.
D. La charge à bord du véhicule, notamment la présence de la pile à combustible PEM, son cylindre d'hydrogène, d'un extincteur ou toute charge additionnelle.
E. La vitesse et l'orientation du vent à l'extérieur, ainsi que l'orientation du trajet parcouru.
F. Le profil du terrain où le test prendra place, dont l'angle des pentes et dénivellations si applicable.
G. La température externe, prise par une sonde placée sur le véhicule.
H. La position des fenêtres de la cabine, montée ou baissée, qui influence la résistance de l'air.
I. La position des panneaux à l'arrière du véhicule, pour les mêmes raisons.

6.4 - Tests routiers de comportements individuels

Une première série de tests routiers fut entreprise dès l'instrumentation du véhicule complétée dans le but d'obtenir le maximum d'information sur son fonctionnement dans une variété de conditions d'utilisation. Cette campagne de mesures peut être décrite ainsi :

1. Une accélération brusque et maximale de 0 à 40 km/h, en terrain plat, avec vent nul.
2. Une accélération contrôlée et très lente de 0 à 40 km/h, sur terrain plat, avec vent nul.
3. Une période de fonctionnement à vitesse constante, sur terrain plat et sans vent, de 0 à 40 km/h, divisée en incréments de 5 km/h.
4. Une période de fonctionnement à vitesse constante, sur terrain plat et sans vent, de 0 à 40 km/h, divisée en incréments de 5 km/h, suivie d'un relâchement complet des pédales de frein et d'accélérateur, jusqu'à immobilisation du véhicule.
5. Une accélération à vitesse maximale, suivie d'un freinage brutal.
6. Une série de tests similaires aux étapes 1 à 3, mais dans une pente ascendante connue.
7. Un test identique à 3, mais dans une pente descendante connue.

Les conditions externes de cette série de tests, quant à elles, sont réunies dans le Tableau 6-2.

Tableau 6-2. Conditions du test initial sur route

Item	Valeur
État de charge des batteries	Plein
Pression des pneus	32 PSI
Poids du conducteur	85,38 kg
Poids du passager	78,40 kg
Charge à bord du véhicule	
Véhicule seul	1016 kg
Pile PEM	90,71 kg
Cylindre hydrogène	54.52 kg
Autre	
Vitesse du vent	9 km/h
Orientation du vent	SO
Orientation du trajet	NE
Température externe	30 °C
Pente mesurée	5°
Fenêtres	Ouvertes
Panneaux arrière	Fermés

Deux circuits furent utilisés pour les tests : le premier, dans un stationnement dégagé de l'université, à proximité d'un front boisé, sur terrain plat et chaussée neuve. De plus, une attention particulière fut portée afin de minimiser les effets du faible vent présent, comme la situation près du boisé, et un choix d'orientation avec le vent de dos. Le second, dans une longue pente située sur le campus, dont l'inclinaison mesurée est connue.

6.4.1 – Accélération maximale de 0-40 km/h

Ci-dessous se trouve une série de tableaux comparatifs et de courbes des lectures récupérées lors de cette série de tests, choisies selon leur pertinence à l'analyse de chacun des phénomènes explorés ci-dessus. Tout d'abord, voici les résultats du premier test proposé, une accélération maximale de 0 à 40 km/h, à partir de l'arrêt, sur terrain plat et sans vent. Voici d'abord un profil de cette accélération (Fig. 6-3).

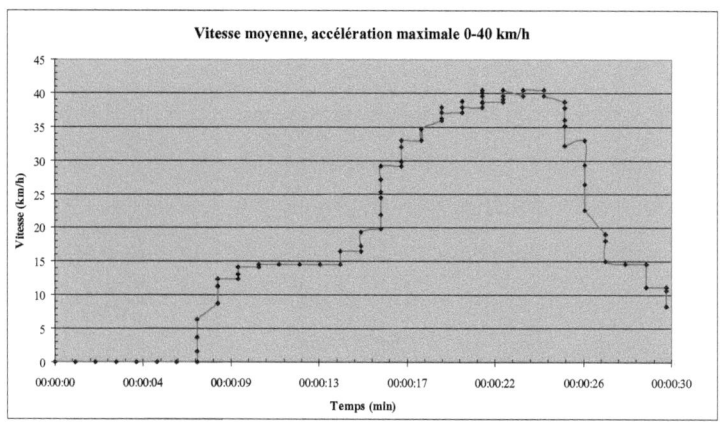

Figure 6-3. Résultats du test d'accélération 0-40 km/h, vitesse moyenne

Ici, le conducteur du véhicule, à partir d'un arrêt complet, a dû enfoncer complètement la pédale d'accélération et maintenir cette consigne jusqu'à l'atteinte de la vitesse maximale de 40 km/h, sur terrain plat et en un trait linéaire continu.

On note ici une forme plutôt inégale du tracé de vitesse, qui s'explique par deux phénomènes, le premier étant simplement le mode de traçage choisi lors de la réalisation du graphique, en reliant directement les points plutôt qu'en interpolant une courbe plus lisse entre les valeurs mêmes. Le deuxième provient de la fréquence d'échantillonnage du capteur de vitesse : évidemment, des lectures plus fréquentes résulteraient en un tracé plus continu. Cependant, cette fréquence fut déterminée suffisamment rapide pour justifier le choix de tracé, car ainsi on obtient à la fois une forme de courbe adéquate tout en conservant la précision absolue de chacune des mesures individuelles.

Une accélération similaire fut donc imposée au modèle du VEH, avec les mêmes conditions de charge et de terrain ici présentées aux Tableaux 6.1 et 6.2, associées aux modèles développés aux chapitres 3 à 5. Le profil de vitesse du véhicule tiré de cette simulation, présenté à la Figure 6-3 ci-dessus, permet d'abord de démentir une information erronée du fabricant du Némo. Les spécifications d'origine du véhicule attribuaient originalement une accélération 0-40 km/h en environ 6.5 secondes (Tableau 2-1); cette courbe indique plutôt que cette vitesse est atteinte après 15 secondes, plus que le double.

Bien qu'une partie de cette inertie soit dûe à la charge additionnelle de la pile à combustible à bord du véhicule, il est important de calibrer le modèle afin qu'il représente fidèlement cette observation.

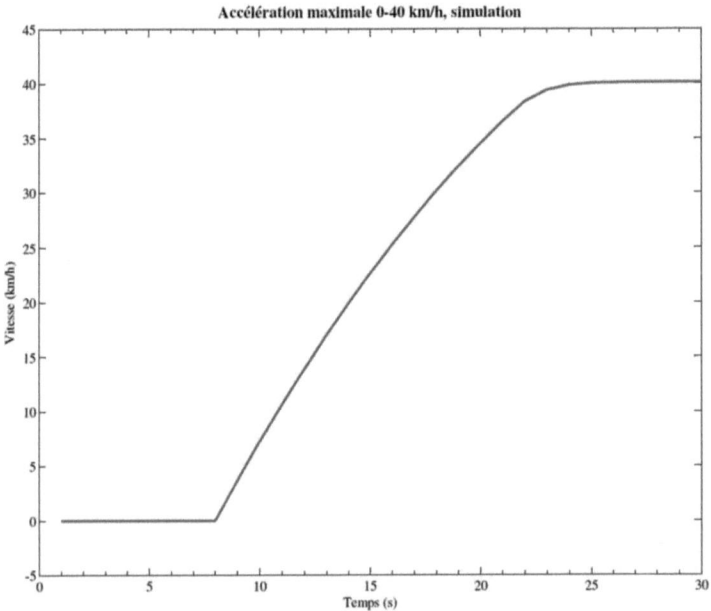

Figure 6-4. Résultats du test d'accélération 0-40 km/h, simulation

On observe donc d'excellents résultats sur la courbe générale d'accélération du modèle versus la réalité observée, notamment l'accélération de 0 à 40 km/h simulée à environ 16 secondes, très près des mesures relevées expérimentalement de 15 secondes, représentées sur la Figure 6-3. Par contre, le plateau observé à 15 km/h, entre 10 et 15 secondes sur la Figure 6-3 n'est pas reproduit dans le modèle. En effet, ce dernier est généré par le comportement du contrôleur du Némo, dont la programmation exacte est inconnue : il est donc impossible de la reproduire fidèlement en simulation. Le simulateur se contente de répondre le plus directement possible à la demande de vitesse, comme le démontre ce résultat. Voyons maintenant les puissances électriques expérimentales du même test, relevées par l'instrumentation interne du Némo (Fig. 6-5).

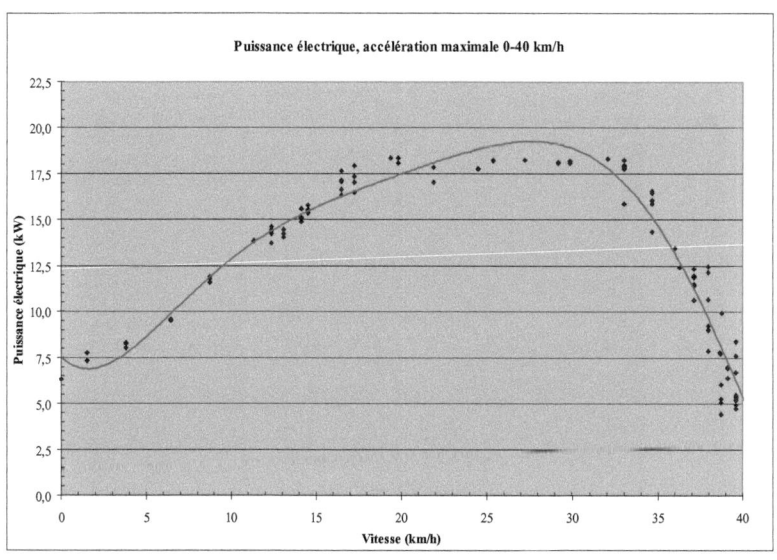

Figure 6-5. Résultats du test d'accélération maximale 0-40 km/h, puissance électrique

De la Figure 6-5 ci-dessus, on remarque de prime abord que les puissances électriques enregistrées sont bien au-delà des paramètres du Némo, la puissance minimale enregistrée étant de 6.3 kW et le maximum de 18 kW. En effet, le moteur a une puissance nominale de 4.8 kW, et son contrôleur présente une limite supérieure de courant de 300A, tel qu'indiqué dans les spécifications de l'Appendice A.

En opérant aussi loin hors des limites prescrites de ses batteries et de son moteur, il est déjà facile de tirer des conclusions quant aux performances du véhicule rapportées par le manufacturier, tant au niveau de la durée de vie des batteries que de son autonomie réduite. Ses batteries, bien que capables de produire le courant demandé, ne sont pas conçues pour être drainées à si forte intensité pendant des périodes soutenues, ce qui se manifeste en une dégradation accélérée, fidèlement aux mécanismes présentés entre autres à la Figure 2-10. De plus, l'ensemble des dispositifs électriques de propulsion du véhicule, du moteur, de son contrôleur et même du câblage, lorsque soumis à de tels courants, opèrent dans des plages qui sont loin des conditions optimales pour lesquelles ils furent conçus, ce qui résulte en des pertes importantes.

Par ailleurs, un problème majeur lié à l'instrumentation du véhicule fait ici surface. En effet, les capteurs de courant installés dans le véhicule furent choisis à partir des valeurs nominales des composantes du Némo, principalement de son moteur électrique de 4.8 kW, dont une déduction rapide à partir de la tension nominale de 72V de la banque de batteries prédit des courants environnant 67A, de même que du contrôleur de celui-ci, dont le courant maximal soutenu « 1 heure » est de 100A; sur la base de ces données, des capteurs limités à 277A furent jugés plus que suffisants pour la tâche.

Par contre, la Figure 6-6 illustre clairement que le véhicule tire des puissances électriques de ses batteries avec des courants d'au-delà de 300A. Par conséquent, on observe un plateau dans les mesures de puissance de cette figure, entre 15 et 35 km/h, qui correspond à 18 kW, soit l'équivalent de la tension des batteries mesurée à ce moment (environ 65V) et du courant de saturation des capteurs de 277A, ce qui est confirmé par le profil des courants mesurés à la Figure 6-6. Donc, les courants réels sont au-delà des capacités des capteurs de courant. Cette situation serait un moindre problème si l'atteinte de tels pics de courant était exceptionnelle et réservée aux plages extrêmes d'utilisation du véhicule, ce qui n'est pas le cas ici, où on présente une accélération très modeste (Fig. 6-3) sans vent de face et sur terrain plat.

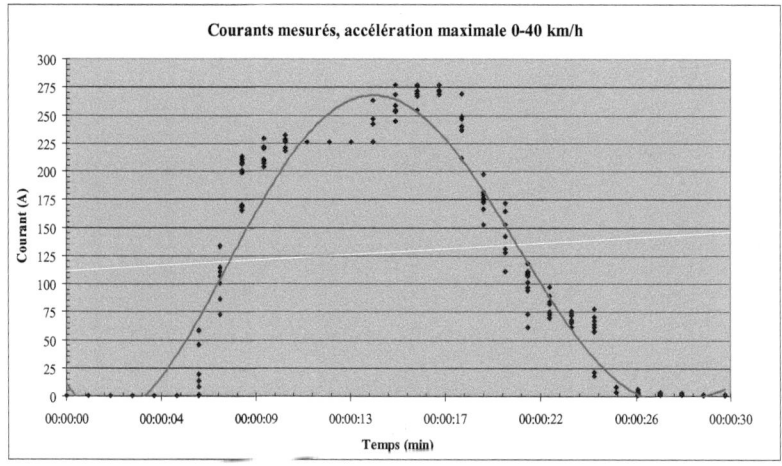

Figure 6-6. Résultats du test d'accélération maximale 0-40 km/h, courants

Suite à ces observations, des limites de vitesse et d'accélération durent être déterminées et imposées aux futurs tests sur le véhicule afin de maintenir celui-ci dans des conditions acceptables et surtout, mesurables. Ces dernières seront décrites plus en détails lors de l'analyse de tests subséquents, sous *6.4 – Tests routiers d'endurance*. En bref, un courant limite de 100A (dictée par les paramètres du contrôleur), donc une puissance maximale de 7.2 kW, sera visée lors d'expérimentations futures.

Finalement, afin de vérifier les performances du modèle de simulation vis-à-vis des résultats des Figures 6-5 et 6-6, une courbe de puissance électrique extraite dans les mêmes paramètres que la simulation de la Figure 6-7 fut exécutée et est présentée ci-dessous.

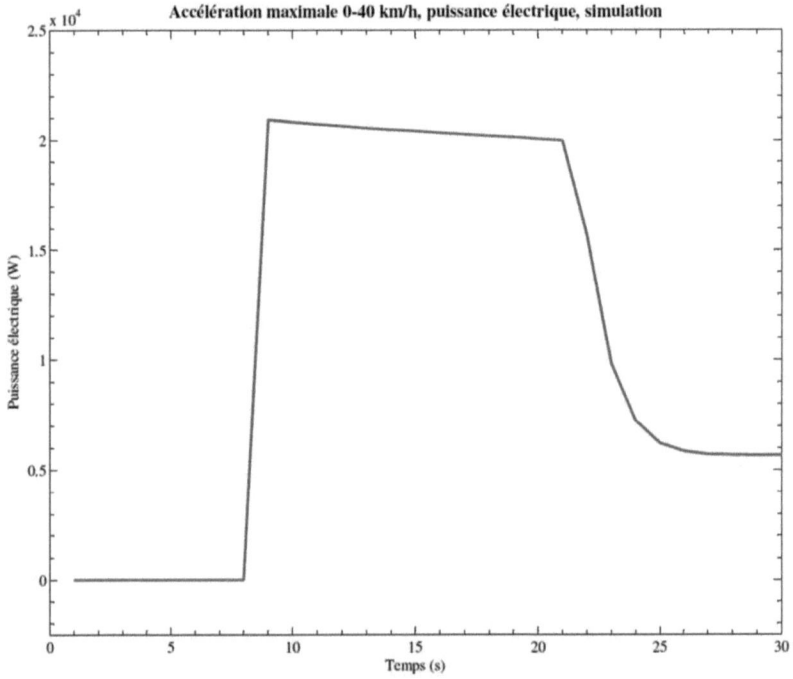

Figure 6-7. Résultats du test d'accélération maximale 0-40 km/h, simulation

De prime abord, on observe que l'allure de la courbe est très semblable à celles déterminées expérimentalement, particulièrement les points des Figures 6-5 et 6-6, quoiqu'encore une fois, celle-ci est beaucoup plus « lisse » que les mesures erratiques prises sur le terrain. De plus, la valeur maximale de puissance atteinte est d'environ 21 kW : un calcul à partir de la tension des batteries (72V) indique en effet un courant d'environ 300A, correspondant aux limites du contrôleur.

Donc, bien que le Némo réel comporte une limite physique de 300A (déterminée par son contrôleur, voir Appendice A-6), ses capteurs ne permettent pas de mesurer au-delà de 277A. Le modèle, quant à lui, ne souffre pas des limites de capteurs de courant : il retourne donc une évaluation plus exacte de la puissance électrique requise pour propulser le véhicule avec la même accélération et la même charge simulée.

6.4.2 – Accélération lente de 0-40 km/h

Suite au test décrit précédemment, une seconde accélération, dans les mêmes conditions mais à la vitesse la plus lente pratiquement atteignable, fut réalisée et mesurée. La Figure 6-8 présente d'abord le profil de cette accélération expérimentale.

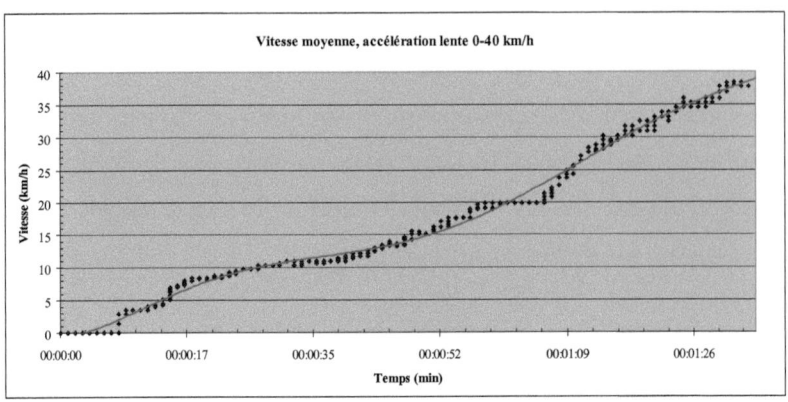

Figure 6-8. Résultats du test expérimental d'accélération lente 0-40 km/h, vitesse moyenne

On remarque donc qu'en effet, le test fut bien réalisé dans les conditions prescrites, l'accélération de 0 à 40 km/h prenant graduellement place en 1 minute et 35 secondes. Plus intéressant cette fois-ci est le graphique de la puissance électrique mesurée par le même test, illustré à la Figure 6-9.

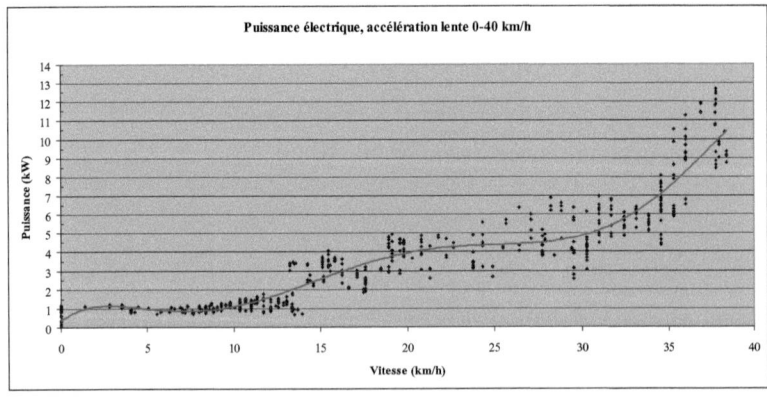

Figure 6-9. Résultats du test d'accélération lente, puissance électrique

On observe ici que les puissances déployées pour propulser le véhicule sont de beaucoup moindres que celles mesurées à la Figure 6-5 à pleine accélération, et demeurent même en grande majorité sous la barre proposée de 7.2 kW. Ceci indique deux points importants, le premier étant qu'il est bel et bien possible d'utiliser le Némo dans des paramètres raisonnables, malgré les impondérables de son contrôleur. Le second, tel qu'on l'observe ici, est que la majorité de la puissance excessive utilisée pour déplacer le véhicule origine de l'inertie de celui-ci; le contrôle de son accélération est donc le paramètre de choix à limiter afin de maintenir celui-ci dans des plages acceptables.

Ceci vient également appuyer les hypothèses posées dans les sections *6.6 – Caractérisation du coefficient de roulement pneus-route* et *6.7 – Caractérisation du coefficient de résistance aérodynamique*, où on suppose que certaines des forces externes (dont l'inertie et la gravité des pentes) sont nulles à vitesse constante, sur terrain plat et sans vent; dans ce régime quasi-constant, on observe en effet que les forces externes (donc les puissances) appliquées au véhicule sont largement réduites, mais croissent légèrement avec la vitesse, indiquant les effets progressifs de la résistance aérodynamique. À titre de vérification supplémentaire, la Figure 6-10 ci-dessous illustre les courants mesurés lors du même test, qui correspondent également aux limites de 100A désirées.

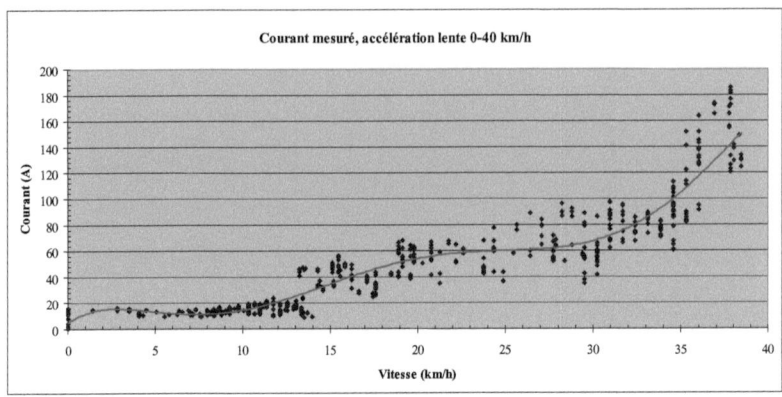

Figure 6-10. Résultats du test d'accélération 0-40 km/h, courants

Finalement, afin d'opérer dans une marge relativement sécuritaire vis-à-vis les limites de courant imposées, il fut choisi, sur la base de ces lectures, d'opérer le véhicule en-dessous de 20 km/h pour les tests routiers, en agissant directement sur sa pédale d'accélération par le biais d'une cale ajustable. De cette façon, on limite les signaux d'appel de puissance démesurés, en grande partie responsables des accélérations brusques et des puissances majeures observées lors de celles-ci.

Comparons maintenant les différents résultats de ce test d'accélération lente avec les résultats du modèle de simulation, soumis à une accélération linéaire de 0 à 40 km/h en 1 :35 minutes. Les résultats figurent à la Figure 6-11.

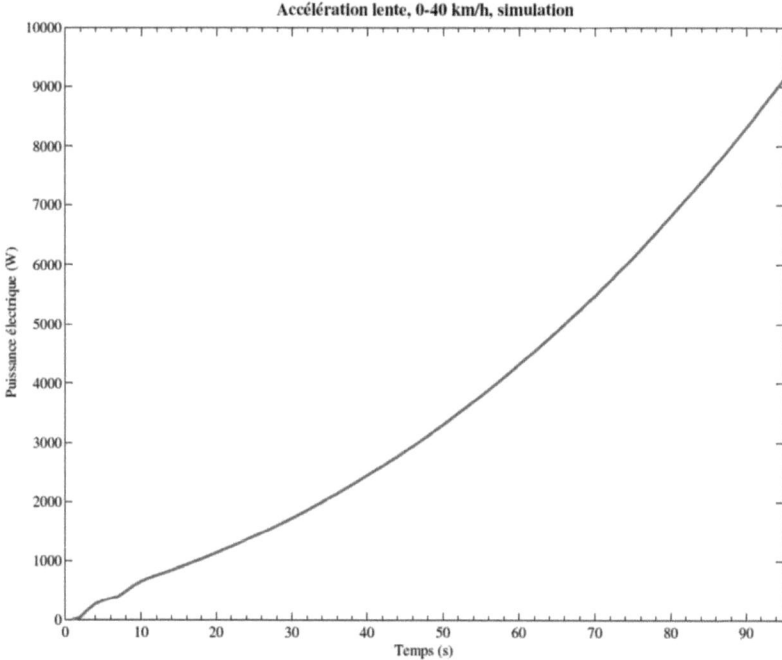

Figure 6-11. Résultats du test par simulation d'accélération lente 0-40 km/h

La comparaison entre la simulation et l'expérimentale démontre le succès de l'opération, ces derniers donnant des résultats très similaires. On remarque encore que la courbe est beaucoup plus constante que l'expérimentale, pour les mêmes raisons mentionnées précédemment. De plus, l'accélération simulée est mathématiquement parfaitement linéaire de 0 à 40 km/h, évitant ainsi toutes les imprécisions causées par l'action approximative du conducteur du véhicule lors du test, en plus des variations de terrain, des courbes dans la piste, de vent et autres perturbations que le modèle ignore. Par contre, il est possible de transposer exactement l'abscisse entre le temps et la vitesse en raison de cette linéarité, facilitant la comparaison avec les Figures 6-9 et 6-10.

Autrement, on note un manque au final d'environ 1 kW vis-à-vis l'expérimental à 40 km/h. Bien que cela semble considérable (10% d'erreur), les même phénomènes mentionnées ci-dessus responsables des variations de la courbe sont très probablement à blâmer pour cette divergence : le modèle utilisant une accélération parfaitement linéaire et étant exclu de toutes perturbations externes ou des variations du contrôleur, cette observation est logique.

6.4.3 – Inertie du véhicule et courant régénératif

Le Némo possède, à la base, une certaine capacité de freinage régénératif. Bien que celui-ci ne soit pas « intelligent » et qu'aucun système sophistiqué de couplage n'existe entre son moteur et le frein mécanique, il n'en demeure pas moins que sa transmission à rapport fixe est directement connectée au moteur électrique. Par conséquent, lorsque son inertie le propulse dans une direction, sans apport de puissance de ses batteries, son moteur agit naturellement comme une génératrice de courant.

Il est donc possible de caractériser les bornes de ce phénomène par une série de tests simples, en accélérant le véhicule jusqu'à une vitesse donnée, puis en relâchant les pédales de frein et d'accélération, et en laissant l'inertie du véhicule le porter jusqu'à son arrêt complet. Cette expérimentation fut répétée pour chaque valeur de vitesse entre 0-40 km/h, par incréments de 5 km/h. À titre indication, voici un exemple des valeurs recueillies (Fig. 6-12), décrivant un test à partir d'une vitesse de 35 km/h.

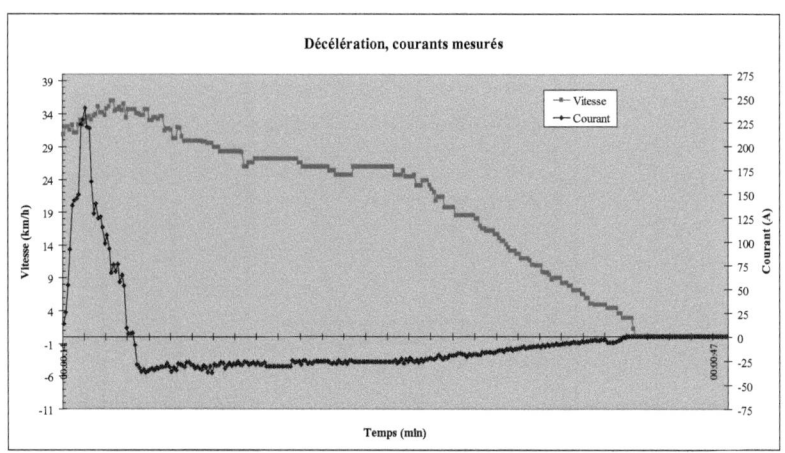

Figure 6-12. Profil expérimental de courant régénératif, 35 km/h

On observe en effet le phénomène tel que prévu : lors du relâchement de l'accélérateur, le courant chute brutalement et la vitesse du véhicule demeure constante pendant un court moment. Ensuite, l'effet « génératrice » du couplage moteur-roues entre en action et produit un courant de recharge, indiqué ici par la valeur négative de ce dernier. Cet effet créé également une résistance additionnelle au roulement, ce qui contribue à sa décélération complète, de concert avec les forces externes appliquées au véhicule.

Afin de caractériser le modèle du véhicule, il est simplement utile de connaître les bornes approximatives de ce mécanisme plutôt que de caractériser très précisément ce dernier sur les courbes semblables à la Figure 6-12; de toute façon, on y observe facilement que ce courant est plus ou moins linéaire en fonction de la vitesse, donc une approximation éclairée est suffisante. Pour ce faire, les valeurs de courant régénératif maximales pour chacun des tests de 0 à 40 km/h furent regroupées au Tableau 6-3 et seront utilisées pour cadrer le modèle en ce sens.

Tableau 6-3. Courants régénératifs mesurés à différentes vitesses

Vitesse initiale (km/h)	Courant maximal (A)
5	-7,36
10	-7,35
15	-13,18
20	-18,91
25	-25,19
30	-33,30
35	-39,08
40	-45,34

Ce tableau confirme d'autant plus le comportement linéaire du courant en fonction de la vitesse, tel que reporté par la Figure 6-12. Une note intéressante à ajouter ici est que ce protocole de test de roulement par inertie ne fut pas à l'origine conçu pour caractériser le freinage régénératif, mais bien le coefficient de roulement pneu-route [47], tel qu'il sera abordé dans la section *6.6 – Caractérisation du coefficient de roulement pneus-route*.

En effet, si le véhicule avait été pourvu d'un embrayage mécanique et d'une position « neutre », découplant le moteur et les roues, ce test aurait pu être utilisé dans des conditions similaires pour déterminer la résistance posée par le roulement des pneus, effectivement la seule force externe dans ces conditions et à basse vitesse, comme il sera détaillé dans la section mentionnée. Toutefois, le couplage moteur-roue étant fixe, et dans l'impossibilité de déterminer précisément le couple résistif crée par la régénération, cette avenue est inaccessible pour le Némo.

Examinons maintenant le comportement du modèle du VEH dans des conditions similaires au test présenté ici, où une vitesse constante de **35 km/h** sera maintenue et relâchée subitement. La procédure ici implique une simulation à vitesse constante de 35 km/h, jusqu'à stabilisation, suivi d'un

« relâchement » virtuel complet des accélérateurs et freins du modèle, réalisés ici par une manipulation du cycle de conduite, afin de répéter la procédure expérimentale dans l'environnement simulé. Les résultats de cette simulation apparaissent à la Figure 6-13.

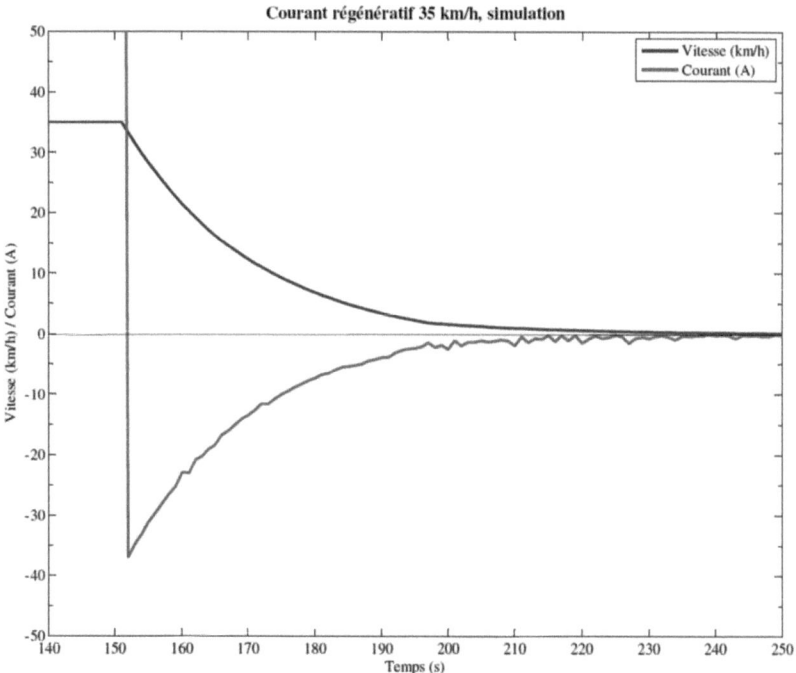

Figure 6-13. Profil de courant régénératif, 35 km/h, simulation

Les observations faites sur l'allure générale de la courbe tiennent encore ici, la simulation étant nécessairement un signal plus « propre » que l'expérimental. On remarque également que les courants et les vitesses résultant de la simulation sont presque exactement ceux relevés lors de cette expérimentation. Ainsi, le modèle de moteur agit comme génératrice de la même façon que dans la réalité, avec un rapport grossier de 1 :1 entre vitesse (km/h) et courant (A), tel qu'illustré par le Tableau 6-3.

6.4.4 – Vitesses constantes dans différentes conditions

La suite du protocole de tests routiers inclut une série de périodes de conduite à vitesse constante, sans vent, sur différentes conditions de terrain, soit sur terrain plat, en pente descendante (5%) ou ascendante. Les données ainsi récupérées seront utiles lors d'une caractérisation plus poussée du modèle de VEH. Par contre, l'analyse individuelle de chacun de ces tests n'apporte que peu d'information supplémentaire à ce qui a déjà été conclu à lors des paragraphes précédents. Voici malgré tout un court tableau résumé (Tableau 6-4) des courants mesurés lors de cette prise de lectures.

Tableau 6-4. Courants mesurés à différentes vitesses et profils de terrain

Terrain	Plat	Ascendant	Descendant
Vitesse constante (km/h)	Courant maximal (A)	Courant maximal (A)	Courant maximal (A)
5	15,40	49,66	-5,02
10	21,25	71,93	-10,73
15	28,83	104,45	-15,99
20	82,11	158,98	-21,23
25	50,07	200,89	-28,43
30	43,65	277,37	-34,35
35	60,52	277,37	-40,17
40	80,86	277,37	-40,33

Ces chiffres nous permettent de tirer des conclusions simples, ou encore de confirmer des hypothèses déjà posées. Donc, sur terrain plat, on confirme que les courants tirés par le système sont très raisonnables, même en-dessous des limites choisies, ce qui confirme l'impact majeur de l'inertie (étant ici à vitesse constante) sur la puissance demandée par le contrôleur au moteur.

En pente ascendante on observe un effet comparable, mais à plus grande échelle étant donné l'effort supplémentaire pour gravir la pente. On remarque par contre que cette charge a un très fort impact sur la dépense énergétique du véhicule : ainsi, le profil de courants démontre que dans une pente, lorsqu'on opère au-delà de 25 km/h, il est difficile de demander des courants en-dessous des limites du système. Ceci confirme donc le choix d'une limite de 20 km/h afin d'éviter au maximum de telles situations.

Finalement, les données de descente de la même pente donnent sensiblement les mêmes chiffres que lors du test par inertie du segment précédent. Ceci indique donc que ces courants régénératifs sont bel et bien dépendants uniquement de la vitesse du véhicule.

6.5 – Test routier d'autonomie

Les tests suivants ne s'intéressent pas tellement aux comportements directs du Némo à diverses conditions, mais ont plutôt l'objectif d'évaluer la durée de la charge de ses batteries lors d'une utilisation normale, sur le terrain, supportée également par sa pile à combustible. Pour ce faire, le protocole suivant fut développé et appliqué.
1. Vérification des paramètres de base du véhicule et des conditions d'utilisation, conformément au Tableau 6-2.
2. Ajout d'une charge supplémentaire équivalente au poids de la pile à combustible et de son cylindre d'hydrogène.
3. Conduite du véhicule continue dans un circuit prédéterminé, jusqu'à épuisement des sources d'énergie à bord.
4. Analyse des données ainsi récupérées.

Donc, les paramètres de départ nécessaires furent recueillis afin d'assurer la répétabilité future du test ainsi que sa validation dans le modèle du VEH (Tableau 6-5).

Tableau 6-5. Paramètres de départ du test d'autonomie

Item	Valeur
État de charge des batteries	Plein
Pression des pneus	32 PSI
Poids du conducteur	85,38 kg
Poids du passager	78,40 kg
Charge à bord du véhicule	
Véhicule seul	1016 kg
Pile PEM	90,71 kg
Cylindre hydrogène	54.52 kg
Autre	145,6 kg
Vitesse du vent	11 km/h
Orientation du vent	SE
Orientation du trajet	Variable
Température externe	27 °C
Pente mesurée	Variable
Fenêtres	Ouvertes
Panneaux arrière	Fermés

Tel que mentionné, une charge supplémentaire, équivalent au poids de la pile à combustible et à son cylindre d'hydrogène, soit 145.6 kg, fut ajoutée au véhicule sous forme de batteries acide-plomb inutilisées, tel qu'illustré à la Figure 6-14. Cette charge est incluse pour vérifier si l'énergie apportée par la pile à hydrogène suffit à compenser pour la charge additionnelle que cette dernière impose au véhicule; le cas échéant, l'ajout de ce dispositif est futile dans l'optique de l'économie d'énergie.

Figure 6-14. Charge additionnelle, sous forme de batteries acide-plomb

Finalement, afin que l'expérience soit au maximum conforme aux limites de puissance choisies (environ 7.2 kW) lors des tests routiers précédents, il fut nécessaire de limiter la vitesse du véhicule à 20 km/h. Ce paramètre fut fixé à l'aide d'une cale ajustable (Fig. 6-15), placée sous la pédale d'accélérateur du véhicule et calibrée à cette vitesse à l'aide de l'instrumentation additionnelle installée sur le Némo.

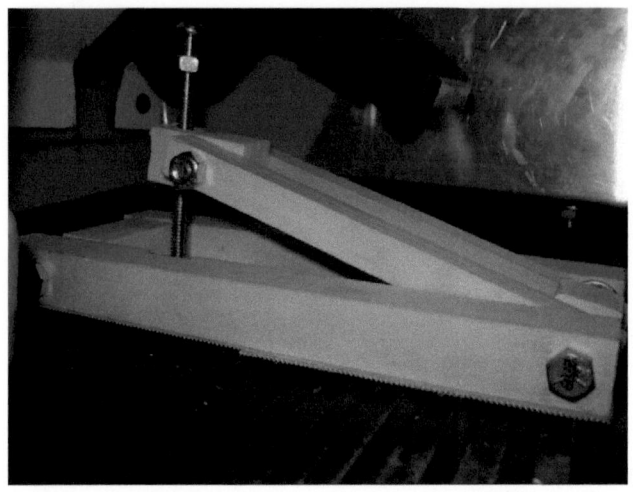

Figure 6-15. Cale ajustable sous la pédale d'accélération du Némo

Par la suite, un cycle de conduite expérimental dû être défini et mis à l'épreuve dans l'intention de soumettre le véhicule à une charge facilement répétable, représentative d'une conduite normale et pouvant être maintenue en boucle continue pendant les quelques heures d'opération du véhicule. Le trajet illustré à la Figure 6-16, d'une longueur de 1.05 km par boucle et comportant 7 arrêts complets ainsi que 2 légères pentes, ascendante et descendante, correspond exactement à ces exigences et fut donc choisi pour ce test. À titre de référence, celui-ci débute au « Point de rencontre » et se déroule en sens horaire.

Figure 6-16. Trajet employé pour les tests routiers d'endurance

6.5.1 – Résultats expérimentaux et discussion

Le Némo ainsi chargé et instrumenté fut conduit de façon continue jusqu'à consommation complète de toutes les sources d'énergie présentes à bord, soit les batteries (pleinement chargées) et la pile PEM, jointe à un plein cylindre d'hydrogène qui fut actionnée manuellement en cours de trajet. Voici un profil des puissances électriques générées par le système lors d'un cycle de conduite typique (Fig. 6-17).

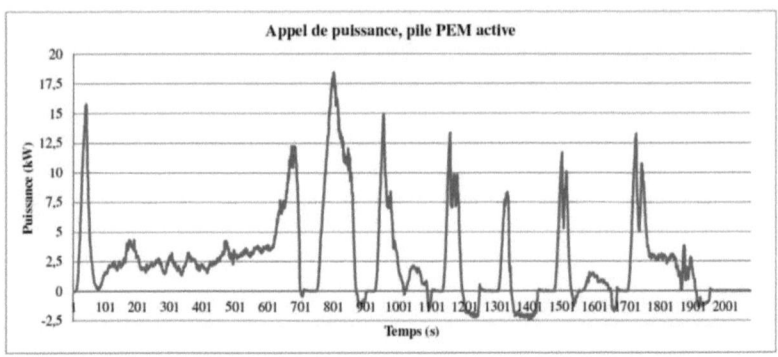

Figure 6-17. Appel de puissance généré par un cycle du circuit

Il est aisé de retracer ici les différents points du parcours de la Figure 6-16, depuis le « Point de rencontre » où le véhicule est arrêté, suivi par une conduite constante sur terrain plat à 20 km/h; l'ascension de la pente et l'arrêt au milieu de celle-ci, suivi par une accélération à très fort courant; un nouvel intervalle plus bref sur terrain plat; finalement, une descente ponctuée d'arrêts, où le courant se régénère, jusqu'au retour sur terrain plat au point de départ.

On observe donc de prime abord que malgré les précautions prises afin de limiter la vitesse du véhicule, des pics de courant dépassant les limites choisies de 100A (environ 7.2 kW selon la tension des batteries) sont présents. Ceci est dû en partie à la pente ascendante présente dans le trajet, qui demande nécessairement des puissances élevées, mais également aux nombreux cycles arrêt/accélération présents sur le circuit. Malgré tout, on note qu'outre les situations majeures lors de l'ascension, le véhicule se maintient dans des paramètres relativement raisonnables sous la barre des 7.5 kW.

Ensuite, il convient d'observer les données centrales à cette expérimentation, l'autonomie du véhicule modifié. Le Tableau 6-6 ci-dessous présente le résumé des lectures pertinentes à cette évaluation.

Tableau 6-6. Résultats du test d'autonomie

Test d'endurance		
Distance parcourue (km)	69,67	
Temps écoulé (h)	03:28	
	Minimum	Maximum
Puissance mesurée (kW)	-2,66	18,42
Tension bateries (V)	59,43	77,85
Courant batteries (A)	-35,68	277,27
SOC batteries	0,12	1
Pression H2 (psi)	4,5	2200

Les temps furent ici mesurés manuellement, et l'état de charge est celui enregistré par le véhicule. Le résultat principal à retenir ici est la distance totale parcourue de 69.67 km, bien en-dessous de la valeur nominale de 90 km rapportée par le fabricant du Némo (Annexe A-1). Deux points principaux peuvent expliquer ce constat : le premier étant le profil du terrain utilisé par le circuit proposé, qui inclut une ascension dans une pente. Cet élément singulier du circuit nécessite une puissance très forte et impose un drain majeur aux batteries; il est très probable que l'autonomie nominale présentée par le fabricant fut déterminée selon des conditions plus « douces » de façon à maximiser celle-ci.

L'élément majeur contribuant à cette autonomie réduite est cependant tout autre : la charge transportée par le véhicule. En effet, le poids de la pile PEM, de son cylindre d'hydrogène et la structure de support associée ajoutent déjà plus de 150 kg au véhicule, et une charge équivalente fut ajoutée pour l'expérience, portant le total à 300 kg. En incluant le poids du conducteur (90 kg), on approche ainsi la limite de charge totale du véhicule, évaluée à 453 kg par le fabricant. Évidemment, une telle charge a un impact significatif sur l'autonomie du véhicule, en particulier sur un trajet marqué de séquences d'arrêt/accélération tel que celui présenté ici.

Cette observation met de plus en évidence un problème potentiel du véhicule tel qu'il est modifié. Bien que des tests supplémentaires soient nécessaires afin de le certifier, il est possible que la pile à combustible PEM ajoutée au véhicule apporte peu d'amélioration à l'autonomie du véhicule. Dans le test ici présenté, un plein cylindre d'hydrogène fut dépensé à mi-chemin durant le test, produisant le profil de puissance de la Figure 6-17.

La puissance totale ajoutée par la pile vers les batteries, via un courant d'environ 15A selon les valeurs relevées par l'instrumentation, est donc relativement faible dans l'optique des puissances nécessaires pour propulser le véhicule. Ainsi, celle-ci ne permet que de ralentir légèrement la décharge des batteries lors de son opération. Cet état de fait, couplé avec la charge considérable représentée par la pile et ses composantes, met en cause la validité de l'installation présentement sur le Némo.

Toutefois, il est nécessaire d'effectuer des tests supplémentaires afin de confirmer cette observation. De plus, il est essentiel de noter que la pile actuelle et son branchement sont rudimentaires et loin d'être optimisés : il est presque certain que celle-ci peut fournir une puissance plus importante aux batteries dans des conditions d'utilisation et de branchement mieux réalisés.

6.5.2 – Validation du modèle en autonomie

Il serait évidemment pertinent d'utiliser les données recueillies ici afin de valider l'autonomie simulée du véhicule. Cependant, deux problèmes majeurs viennent faire embûche à cette procédure, le premier étant que malgré nos efforts en ce sens, de multiples pics dépassant largement les bornes supérieures de 125A pour lesquelles les batteries furent caractérisées sont encore présents. À ces courants, le comportement de la batterie devient difficilement prévisible, et vue la répétition du cycle de base des douzaines de fois durant le test, une large erreur cumulative est à prévoir.

Toutefois, il aurait pu être intéressant de réaliser quand même l'expérience, simplement en utilisant les courants extraits de l'expérimentation (moteur et pile PEM), et de les imposer à la banque de batteries acide-plomb simulée décrite dans les chapitres 4 et 5. Cependant, l'analyse des données du test révèlent qu'une erreur majeure de synchronisation est survenue lors du test, suite à une dysfonction du système d'acquisition. Ainsi, bien que les données recueillies (tensions, courants, distance parcourue, vitesse, etc.) soient exactes, elles ne sont associées à aucune valeur de temps valable. On relève des plages complètement erratiques dans le temps enregistré, donc il est impossible de s'y fier. Il est également impossible de simplement compter le nombre des lectures et d'associer une valeur constante (par exemple, 1 lecture par seconde, ou encore 0.5 seconde), car celles-ci ne suivent pas de motif régulier. À titre indicatif, la base de données contient 187 161 éléments, donc une lecture par seconde représente un test de près de 52 heures.

Pour cette raison, il sera nécessaire de procéder de nouveau à un test semblable dans le but de caractériser l'autonomie du modèle. Bien que plusieurs données intéressantes puissent être récupérées malgré tout du test, l'évolution de l'état de charge est directement dépendante du courant tiré en fonction du temps (en ampères heure): sans cette donnée précise, il est impossible d'obtenir un résultat satisfaisant.

6.6 - Caractérisation du coefficient de roulement pneus-route

Cette section s'attaque à une seconde approche de la caractérisation par tests routiers, où l'objectif est de dériver directement un des paramètres du modèle à partir de déductions faites lors des mesures expérimentales. Comme première étape, le coefficient de roulement pneus-route du Némo, μ_{RR}, sera déterminé. À noter que les étapes suivantes, tout comme celles présentées aux sections 6.7 et 6.8, sont hors-séquence vis-à-vis la réalisation du modèle tel que décrit dans cet ouvrage, car ces paramètres furent évidemment essentiels à d'autres étapes de la simulation.

La base de cette démarche est l'exploitation des forces externes sur le véhicule, dont le modèle fut défini au *Chapitre 3 – Modèle théorique du Némo*, en particulier (Eq. 3.4), ainsi que des dispositions qu'il est possible de prendre pour les isoler du système. On observe donc que dans cette équation, représentée ci-dessous :

$$M_{essieu} = (F_I \times r) + (F_D \times r) + (F_G \times r) + (F_{RR} \times r) + T_{IR} + T_R + T_F$$

La somme des forces externes appliquées à l'essieu du véhicule dépend d'une série de forces distinctes. Chacune de ces forces, cependant, n'apparaît que dans des conditions particulières, et par conséquent il est possible de les éliminer en contrôlant ces conditions. En procédant systématiquement, on obtient le raisonnement suivant :

1. La force d'inertie, F_I, dépend de l'accélération (3.9), donc est nulle à vitesse constante;
2. La résistance de l'air, F_D, est pratiquement nulle à basse vitesse (3.11);
3. La force de gravité F_G ne s'applique pas sur un terrain plat (3.12);
4. Le couple de l'inertie des roues, T_{IR}, n'est pas applicable à vitesse constante (3.7);
5. Le couple des roulements d'essieux, T_R, se calcule facilement à partir des données du fabricant et de la masse du véhicule, et est de toute façon quasi-négligeable (3.13);
6. Le couple de freinage T_F est évidemment nul sans l'application des freins (3.19).

Donc, la conclusion tirée ici est que dans le cas d'une conduite à basse vitesse maintenue constante, sur terrain plat, et en l'absence de vent frontal significatif, la seule inconnue qui demeure au système est la force due au roulement des pneus, F_{RR}.

$$M_{essieu} = (F_{RR} \times r) \tag{6.1}$$

Un détail important est nécessaire pour valider ces hypothèses, par contre : la détermination d'une vitesse maximale en-dessous de laquelle la vitesse du vent a un effet négligeable sur le véhicule. Elle sera ici définie par une valeur en-dessous de 5% de la puissance totale générée par la somme des forces résistives. À ce stade-ci, le modèle du véhicule est suffisamment calibré pour offrir une évaluation approximative des forces résistives lors d'une accélération donnée. Une série de simulations dans ces conditions indique qu'une vitesse de 12 km/h satisfait à ce critère, excluant tout vent frontal supplémentaire.

De plus, les lectures de tension et de courant, et donc de dépense de puissance, sont relevées par des capteurs situés à l'entrée du moteur électrique. Comme le couple de roulement des pneus est appliqué à l'essieu du véhicule, il est nécessaire de connaître les pertes de puissance entre le moteur et les roues. Ainsi, si les hypothèses proposées ici sont valables, la puissance mesurée sera uniquement due à (6.1), plus les pertes mécaniques et électriques entre les deux composantes. Les pertes en question sont les pertes électriques générées par le moteur et les pertes mécaniques de la boîte de réduction et du différentiel du véhicule. La totalité du problème se réduit donc à l'équation suivante :

$$P_{\text{élec,mesurée}} = \frac{(mg\mu_{RR} \times r) \times \omega_{\text{roues}}}{\eta_{\text{moteur}} \times \eta_{\text{transmission}}}$$

$$\mu_{RR} = \frac{P_{\text{élec,mesurée}} \times \eta_{\text{moteur}} \times \eta_{\text{transmission}}}{mg \times r \times \omega_{\text{roues}}} \qquad (6.2)$$

Heureusement, suffisamment de données sont disponibles pour évaluer le rendement du moteur et des mécanismes secondaires. À partir des valeurs observées expérimentalement, il est possible de déterminer une moyenne de la puissance électrique tirée des batteries à cette vitesse limite de 12 km/h. À ce régime, le moteur présente une efficacité théorique d'environ 80%, ce qui fut évalué sommairement par les tests dynamométriques (Section 6.8) et par les données de l'Appendice A-5. Les dispositifs de transmission mécanique, quant à eux, ont une efficacité combinée évaluée à 95%, soit environ 1% de pertes par couple d'engrenages, selon la pratique commune (Tableau 6-7).

Tableau 6-7. Calcul du coefficient de friction pneu-route

Coefficient pneu-route	
P_{elec} (W)	478
m (kg)	1246
g (m/s^2)	9,81
r (m)	0,29
ω_{roues} (rad/s)	11,563
η_{moteur} (n/a)	0,8
$\eta_{transmission}$ (n/a)	0,95
μ_{RR} (n/a)	0,0153

Un comparaison avec les valeurs observées dans la littérature [47][48] (Fig. 6-18) démontre que les coefficients de roulement d'un pneu sur une route bitumée sont habituellement compris entre 0.005 et 0.015. Ceci confirme premièrement que la valeur déterminée est réaliste.

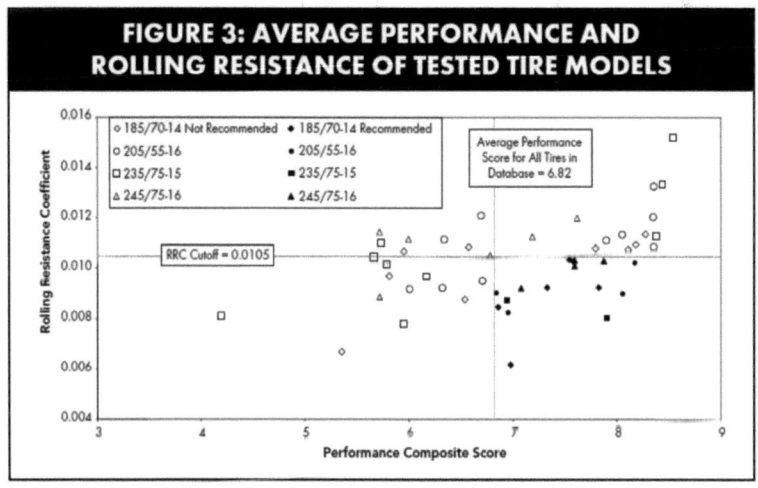

Figure 6-18. Résultats typiques de coefficients de friction pneu-route [48]

D'autre part, le fait que ce coefficient soit dans la zone supérieure de ce qui est disponible commercialement est également logique étant donné que ceux-ci ne sont pas « haut de gamme » ou particulièrement orientés performance, en plus d'être des pneus d'hiver (au caoutchouc plus mou, donc plus résistant au roulement), comme le démontre l'Appendice A-8. Cette valeur sera donc incluse au modèle telle quelle.

6.7 - Caractérisation du coefficient de résistance aérodynamique

La détermination du coefficient de roulement pneu-route et des paramètres d'efficacité du véhicule, démontrés au cours de la section précédente, ouvrent la voie à la caractérisation approximative du coefficient de résistance aérodynamique du véhicule. En effet, le test précédent démontra qu'il était possible, en roulant à vitesse basse (<12 km/h) et constante, sur terrain plat et sans vent, d'éliminer pratiquement toute force externe sur le véhicule, hormis le frottement pneu-route.

Par un raisonnement similaire, il est simple de déduire qu'en opérant le véhicule dans des conditions identiques, mais à vitesse suffisamment élevée (> 12 km/h), le coefficient de résistance aérodynamique exerce une influence non négligeable sur le véhicule, tout en éliminant les forces externes de gravité et d'inertie. L'équation (6.1), dans un pareil cas, peut être ré-écrite de la façon suivante (6.3):

$$M_{essieu} = (F_{RR} \times r) + (F_D \times r) \tag{6.3}$$

On remarque donc un système à deux inconnues, F_{RR} et F_D. Toutefois, le paramètre de friction pneu-route, défini précédemment, nous permet de déduire facilement la valeur de F_{RR}. De cette façon, on peut déterminer une valeur approximative du coefficient de résistance aérodynamique par le système d'équations suivantes (6.4) :

$$P_{élec,mesurée} = \frac{\left[(mg\mu_{RR}) + \left(\frac{1}{2}\rho v^2 C_D A\right)\right] \times r \times \omega_{roues}}{\eta_{moteur} \times \eta_{transmission}}$$

$$C_D = \frac{-2 \times \left(mg\mu_{RR} \times r \times \omega_{roues} - P_{élec,mesurée} \times \eta_{moteur} \times \eta_{transmission}\right)}{\rho v^2 A \times r \times \omega_{roues}} \qquad (6.4)$$

Il est important de noter ici que le coefficient déterminé ici est approximatif, car les conditions sur route sont susceptibles de créer du bruit dans les lectures. C'est d'ailleurs pourquoi ce genre de test est habituellement conduit dans des tunnels aérodynamiques, afin d'éliminer le maximum de perturbations externes.

Toutefois, ces moyens ne sont évidemment pas disponibles pour la réalisation de ce travail. Par contre, une large banque de coefficients aérodynamiques, regroupés par type de véhicule et par géométrie, est facilement accessible [32] [49] et servira ici de base comparative à la valeur déterminée dans le Tableau 6-8 ci-dessous, à une vitesse constante de 20 km/h.

Tableau 6-8. Calcul du coefficient de résistance aérodynamique

Coefficient aérodynamique	
P_{elec} (W)	965
m (kg)	1246
g (m/s^2)	9,81
r (m)	0,29
ω_{roues} (rad/s)	19,27
η_{moteur} (n/a)	0,8
$\eta_{transmission}$ (n/a)	0,95
μ_{RR} (n/a)	0,0153
ρ (kg/m^3)	1,23
v (m/s)	5,56
A (m^2)	5,29
C_D	**0,3997**

La valeur déterminée ici à l'aide des données expérimentales est étonnamment près des attentes. Lorsque comparée aux données fournies par la littérature sur le sujet [49], les plus bas représentant des véhicules prototypes à énergie solaire (0.07), suivi des voitures sport de haute performance (0.25), des automobiles commerciales (0.30-0.35) et finalement des camions lourds (0.6+), le résultat de 0.4 calculé ici se positionne parmi les fourgonnettes et camionnettes de profil similaire au Némo. Cette comparaison porte à croire que le résultat observé ici est effectivement près de la réalité, et sera donc ajouté au modèle de simulation.

6.8 - Caractérisation sur dynamomètre

Dans l'objectif de caractériser le train moteur du véhicule, principalement les pertes électriques et mécaniques encourues entre l'alimentation du moteur et les roues motrices, un test sur banc dynamométrique fut réalisé. L'avantage d'un banc dynamométrique par rapport aux tests sur route est l'élimination de tous les facteurs externes au véhicule, en plus de l'addition de la lecture de puissance mécanique prise directement aux roues, sans déplacement du véhicule.

Ainsi, l'hypothèse proposée est de comparer directement les lectures de l'instrumentation interne du Némo, donc la puissance électrique directement injectée dans le moteur, à la lecture de puissance mécanique du banc, à la sortie de l'essieu moteur arrière. La différence entre les deux valeurs devrait théoriquement permettre de déterminer les pertes globales encourues entre ces deux points, donc dans le moteur électrique et la transmission mécanique (réducteur, différentiel et roulements) Pour ce faire, il fut bien évidemment nécessaire de trouver une installation appropriée pour réaliser ce test, qui heureusement existait dans la région entourant l'université [50] et dont l'équipement est illustré à la Figure 6-19.

Figure 6-19. Banc dynamométrique de chassis utilisé

Le dispositif en question comprend deux modules, chacun fixé directement à une des roues arrière du véhicule, à la place des pneus. Ceci a l'avantage d'éliminer également les pertes de roulement des pneus et de fournir directement une lecture à l'essieu de sortie.

Par contre, un bémol significatif doit être noté ici, en raison de la conception particulière du dynamomètre. En effet, ce dernier est conçu pour tester des voitures de haute performance (comme d'ailleurs la vaste majorité des installations du genre) utilisant des moteurs à combustion interne, et par conséquent est calibré pour des lectures de puissance de l'ordre de 600 kW [51]. Dès lors, la précision des performances mesurées du Némo, avec son moteur à puissance nominale de 4.8 kW, sont déjà sujettes à questionnement.

Malgré tout, le véhicule fut monté sur le banc dynamométrique en question et soumis à un test standard de mesure de puissance. Le résultats de ce test sont présentés aux Figures 6-20 et 6-21, illustrant les lectures mécaniques du banc et les mesures électriques du système de capteurs du véhicule, respectivement.

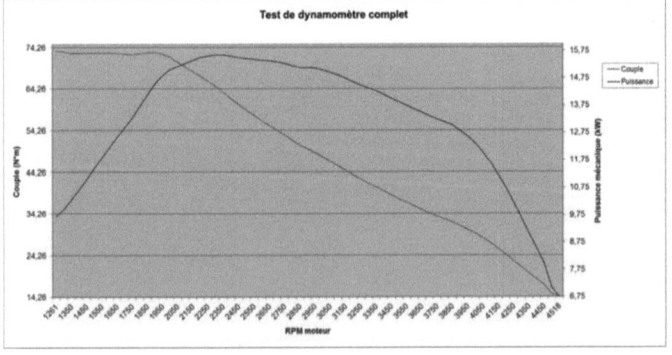

Figure 6-20. Résultats du banc dynamométrique, mécanique

Les lectures du banc mécanique donnent des résultats de puissance qui correspondent très bien avec les mesures prises lors des tests routiers. De plus, les puissances mécaniques illustrées sont systématiquement en-dessous des paramètres observés sur le terrain, ce qui est tout à fait logique étant donné que les mesures électriques sont prises en amont du moteur et de la transmission, donc sans la majorité des pertes qu'ils entraînent.

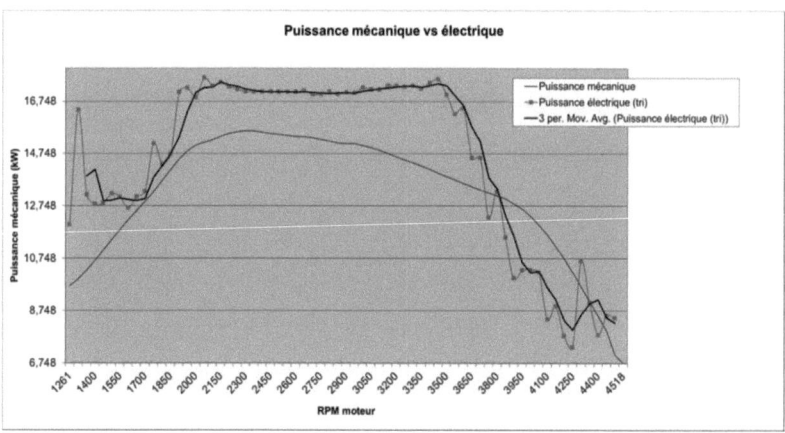

Figure 6-21. Résultats du banc dynamométrique, électrique

Le comparatif des lectures mécaniques et électriques présenté à la Figure 6-21 illustre bien un des problèmes majeurs rencontrés lors de l'opération, à ce moment inconnue de l'auteur : la limite de 277A des capteurs versus les puissances développées par le moteur du Némo, responsable du plateau observé à puissance maximale ici. Évidemment, la puissance électrique véritable est au-delà de celle représentée ici en raison de cette limite. Dès lors, la comparaison entre les valeurs mesurées mécaniquement et électriquement afin d'en extraire le profil de pertes devient difficile, car une majorité des lectures sont invalides. Le Tableau 6-9 ci-dessous explore tout de même les résultats obtenus, incluant les résultats du test présenté en

Figure 6-21 conjointement à des lectures manuelles prises parallèlement sur les instruments de bord du VEH.

Tableau 6-9. Résultats du test de banc dynamométrique

RPM fixe	Couple mécanique (N*m) **	Puissance mécanique (kW) **	Puissance électrique moyenne (kW)	Différence (kW)	% pertes	Courant manuel ** (A)	Tension manuelle ** (V)	Puissance manuelle ** (kW)	% pertes **
1250	65.7	8.6	12,64	4,04	31,98	191	68	12,988	33,79
1500	73.5	11.6	14,83	3,23	21,76	236	66	15,576	25,53
1750	74	13.5	17,60	4,10	23.30	260	64,5	16,77	19,50
2000	73.5	15.4	16,86	1,46	8,65	277	63	17,451	11,75
2250	68.2	16.1	17,29	1,19	6,91	277	62,5	17,3125	7,00
2500	61.1	16	17,31	1,31	7,55	277	62,3	17,2571	7,28
2750	54.7	15.7	17,33	1,63	9,39	277	62	17,174	8,58
3000	49.3	15.5	17,26	1,76	10,22	277	62,4	17,2848	10,33
3250	44	15	17,42	2,42	13,91	277	63	17,451	14,05
3500	39.1	14.3	17,54	3,24	18,46	277	62,7	17,3679	17,66
3750	34.7	13.6	16,00	2,40	14,98	259	63,3	16,3947	17,05
4000	29.4	12.4	12,67	0,27	2,11	250	64,4	16,1	22,98
4250	22.6	10	10,75	0,75	6,98	196	66	12,936	22,70
4500	14	6.6	8,65	2,05	23,72	120	68,6	8,232	19,83
				Moyenne (%)	17,83			Moyenne (%)	23,05

* hors des limites du capteur de courant
** lectures prises manuellement pendant le test

Ce tableau, bien qu'incomplet comportant plusieurs lacunes (les valeurs hors limite sont en rouge), donne déjà une piste de solution vers le calcul des pertes de puissance du véhicule, car une moyenne des pertes observées dans la plage valide est de l'ordre de 20% (cellules au bas du Tableau 6-9), des données secondées par les résultats d'un test similaire réalisé par le fabricant, présentés en Appendice A-5.

Cette valeur est uniquement une évaluation de l'inefficacité du train moteur du Némo, causée en partie par la transmission mécanique mais en majorité par les pertes électriques dans le moteur. On devine ici les conséquences de l'utilisation d'un moteur de 4.8 kW à des puissances presque 4 fois supérieures aux limites de sa conception : une efficacité très limitée. Il est cependant impossible d'en tirer une mesure précise dans ces conditions.

Malgré ces pistes de recherche, ce premier test dynamométrique est à revoir en raison des limites des capteurs de courant. Un protocole plus approprié fut développé et sera appliqué dans le futur afin de mieux caractériser les pertes du train moteur à l'aide du même équipement, mais pour l'instant, ce test est le seul disponible et est présenté à titre indicatif afin d'enrichir les hypothèses déjà posées dans cet ouvrage.

6.9 – Conclusion

Ceci conclut effectivement la caractérisation du modèle du VEH qui fut réalisée avec les moyens et le temps disponibles pour sa réalisation. Bien évidemment, il est possible de paramétrer le modèle beaucoup plus finement avec une multitude de tests supplémentaires. Toutefois, étant donné l'objectif final de ce modèle, c'est-à-dire son utilisation dans une optique de gestion d'énergie et d'économie, la précision atteinte ici est jugée suffisante.

Le comportement du modèle du VEH fut validé selon deux standards principaux, sa réponse à une accélération soudaine ainsi qu'à une accélération très lente. Ce faisant, une très large gamme de conditions d'opération et de puissances du système est couverte, les extrêmes par l'accélération maximale et la plage des régimes plus constants de 0 à 40 km/h par l'accélération très lente : le modèle développé correspond adéquatement aux résultats expérimentaux.

De plus, le comportement du véhicule lorsque porté par son inertie, donc en mode régénératif, montre des performances également satisfaisantes. Ainsi, on observe un courant régénératif très similaire à la réalité, tout en simulant un profil de décélération très près de l'expérimental, un indice sûr que la modélisation physique du véhicule (inertie, résistance de l'air, friction, etc.), tout comme les paramètres de son moteur électrique correspondent bien à la réalité.

Par ailleurs, l'emploi de tests routiers, associés à une série de déductions théoriques, permit de déterminer avec une précision très satisfaisante deux paramètres essentiels du modèle physique, les coefficients de roulement pneu-route ainsi que de résistance aérodynamique. Ceux-ci ont d'ailleurs démontré leur validité par les résultats des tests de simulation mentionnés ci-dessus, où ils faisaient partie du modèle à l'essai.

Malheureusement, les résultats des tests dynamométriques et d'autonomie routière furent plus mitigés, en partie à cause de failles dans le système d'acquisition du véhicule. En ce qui concerne les tests dynamométriques, un protocole alternatif est déjà en place et sera réalisé dans un futur rapproché afin de contourner les limites du système. Pour ce qui est du test d'endurance, il est également prévu de raffiner le protocole, mais le problème en question étant directement dû au système d'acquisition de données, cette tâche sort du cadre de ce travail.

Toutefois, les batteries du véhicule furent caractérisées avec une excellente précision aux chapitres 4 et 5 précédents, et comme il fut démontré ici que la réponse du moteur électrique et ses appels de puissance correspondent bien avec la réalité, le calcul subséquent de leur durée de charge, et donc l'autonomie du véhicule, devrait s'accompagner d'une précision correspondante. À ce moment, par contre, en l'absence de données expérimentales valides, il est impossible de valider cette hypothèse avec certitude.

Chapitre 7 – Introduction à la gestion d'énergie du Némo

L'objectif final de cette entreprise de recherche est d'utiliser les modèles développées ici afin d'explorer les bénéfices d'une gestion d'énergie intelligente à bord du VEH. Bien que ceci demeure véridique, le temps et l'effort mis à la caractérisation du modèle ont suffit amplement à combler ce mémoire de maîtrise. Le travail d'optimisation d'énergie proprement dit sera donc réalisé dans le prolongement logique de cet ouvrage.

Toutefois, les modèles disponibles ont permis d'effectuer les premiers pas de cette démarche. Cette approche, réalisée en vue de la participation à une conférence sur les véhicules à propulsion électrique [52], fut compilée dans un article et publiée dans le cadre de ladite conférence. Les résultats ainsi obtenus seront présentés dans cette section sous leur forme originale.

7.1 - Problématique

La problématique attaquée ici est celle de la gestion d'énergie du véhicule Némo, avec comme optique l'optimisation de ses coûts d'opération, incluant les coûts reliés à la dégradation de sa banque de batteries acide-plomb. En effet, les coûts très faibles de l'énergie électrique du réseau public du Québec font en sorte que l'utilisation des batteries rechargeables, qui emmagasine et retourne cette énergie, est de loin la façon la plus économique d'opérer le véhicule, vis-à-vis quelque source de carburant comme l'essence ou l'hydrogène.

Par contre, cette réalité s'effrite lorsqu'on prend en compte la durabilité très réduite des batteries du Némo, observée en-dessous de 3 mois en utilisation normale. Des nombreux mécanismes de dégradation des batteries, le plus sévère (en conditions d'opération normales) et le mieux documenté est la profondeur de décharge de celles-ci. L'hypothèse ainsi posée dicte l'utilisation de sources d'énergie secondaires, comme la pile à combustible PEM ou la génératrice à combustion interne du Némo, pour recharger ces batteries en cours d'utilisation, réduisant ainsi leur profondeur de décharge et prolongeant leur durée de vie à des niveaux acceptables.

Toutefois, les carburants dépensés ainsi pour la recharge des batteries coûtent proportionnellement plus cher que l'électricité du réseau. À l'inverse, utiliser les batteries plus intensément se traduit en une usure accélérée, et donc un coût supplémentaire. La question devient alors la suivante : où se trouve le point optimal entre la décharge des batteries et la consommation de carburant, tout en considérant l'usure des batteries, afin d'obtenir un coût d'opération minimal pour une tâche donnée?

Cette rédaction tente d'approcher la résolution de cette question de façon relativement simple, donc les résultats escomptés ne seront pas optimaux au sens mathématique du terme. Toutefois, ceci permettra de développer des pistes intéressantes vers cet objectif, en plus de valider l'hypothèse de départ de cet ouvrage, à savoir s'il est pertinent ou non, d'un point de vue économique, de gérer l'état de charge des batteries du VEH, en considérant le coût de celles-ci versus celui du carburant consommé pour la recharge.

7.2 – Approche proposée

À titre d'exploration des possibilités de gestion d'énergie, une approche basée sur une procédure d'essai-erreur fut entreprise. Utilisant la totalité des modèles réalisés et paramétrés au cours de cette entreprise, une succession de simulations furent réalisées selon des paramètres choisis d'après 3 scénarios potentiels, et les résultats comparés au final.

L'optique de cette simulation est de minimiser le coût d'opération du véhicule selon différentes stratégies de recharge et de gestion d'énergie. Pour ce faire, il fut essentiel de déterminer un critère d'optimisation, qui correspond simplement à la somme de tous les coûts liées à l'opération du véhicule, tel que décrits par (7.1).

$$C_{total}(t_0, t_1) = \int_{t_0}^{t_1} (f_{cons} \times f_{cost}) dt + B_{cost} + G_{cost} \tag{7.1}$$

C_{total} = coût total d'opération ($)
t_0, t_1 = temps de départ et de fin, respectivement (s)
f_{cons} = taux de consommation de carburant (kg/s)
f_{cost} = coût de consommation du carburant ($/kg)
B_{cost} = coût de dégradation des batteries ($)
G_{cost} = coût de la recharge sur le réseau ($)

D'abord, une note sur les paramètres de base de cette expérimentation, communs aux 3 scénarios développés ci-dessous, ainsi que les hypothèses impliquées.
1. Le cycle de conduite utilisé pour ces tests est le cycle UDDS modifié, tel qu'il est décrit à la Figure 7-1.

2. Le modèle d'usure de la batterie, afin de fournir des résultats concordants avec la réalité, fut modifié d'un paramètre supplémentaire; la durée de vie maximale de celles-ci est donc d'environ 3 mois, tel que l'indiquent les résultats expérimentaux préliminaires. Le modèle de calcul d'usure basé sur la profondeur de décharge, tel que présenté au *Chapitre 4 – Modèle de batterie acide-plomb*, ne représente pas à lui seul cette réalité; il sera donc ajusté en conséquence à l'aide d'un facteur d'accélération empirique correspondant.
3. Les paramètres des modèles utilisés ici sont ceux extraits de la caractérisation présentée tout au long de ce document, ainsi que des données du fabricant présentées à l'Appendice A.
4. La recherche des meilleures performances de consommation fut réalisée par une procédure d'essai-erreur, plutôt que par une technique d'optimisation mathématique.

Tout d'abord, voyons le cycle standardisé, nommé le Urban Dynamometer Driving Schedule, ou UDDS [38]. Il s'agit d'un cycle de conduite destiné à reproduire les conditions d'arrêt-accélération présentes lors de la conduite en milieu urbain, un comportement congruent avec le profil d'utilisation du Némo. Cependant, la vitesse maximale limitée à 40 km/h du Némo (Tableau 2-1) présente un obstacle à son utilisation, car celui-ci implique des vitesses de plus de 90 km/h, étant destiné à des véhicules conventionnels. La solution proposée fut simplement de réduite l'échelle du circuit, limitant sa vitesse maximale à 40 km/h et réduisant proportionnellement le reste du cycle. Le résultat (Fig. 7-1) correspond aux conditions que le VEH est susceptible de rencontrer lors d'un cycle typique de conduite en milieu industriel.

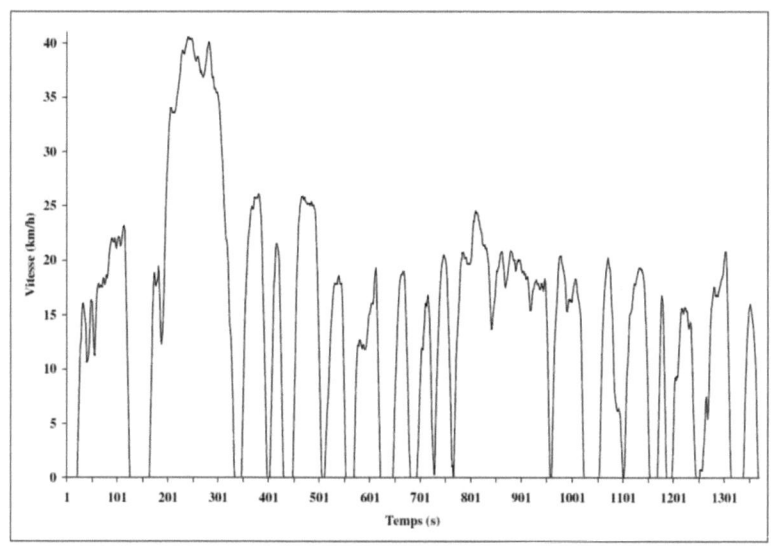

Figure 7-1. Cycle de conduite UDDS modifié

De plus, étant donné que l'étude s'intéresse à la décharge de batteries, ce qui nécessite plusieurs heures d'opération, la durée totale du cycle UDDS de 1370 secondes fut déterminée insuffisante pour cette tâche. La solution proposée fut de répéter le cycle modifié en boucle pour obtenir une durée de conduite de 8 heures. À ce cycle furent prévus deux pauses stationnaires de 15 minutes ainsi qu'une heure de « dîner », recréant ainsi de plus près les conditions d'une journée typique de travail. En effet, ces pauses, en plus d'avoir un effet non négligeable sur la dynamique de la banque de batteries, permettent d'insérer des intervalles de recharge par le réseau électrique (ou toute autre source), un paramètre qui sera utile lors de l'étude d'optimisation.

Les différentes simulations s'appuyant sur des paramètres économiques et de consommation de carburant communs bien définis, il est nécessaire d'en faire une liste, représentée ici au Tableau 7-1.

Tableau 7-1. Paramètres économiques du modèle de simulation

Paramètres économiques		
Paramètre	Valeur	Unité
Essence	1,95	$CAN/kg
Consommation d'essence	2,99	L/h
Réseau public	0,078	$CAN/kWh
Batterie	140,95	$CAN/unité
Nombre de batteries	9	unités

Ces premiers résultats visent à tester l'hypothèse de base de ce travail, à savoir s'il existe un véritable avantage à modifier le Némo tel que proposé, avec deux sources secondaires d'énergie, ainsi que la validité de la gestion de la profondeur de décharge des batteries sur leur durée de vie, d'un point de vue purement économique.

7.2.1 – Scénario 1 – Comparatif de base, sans recharge

Le premier scénario sera utilisé comme base comparative pour les expériences subséquentes, et vise à reproduire les conditions d'utilisations du Némo tel qu'envisagées par son constructeur. Le véhicule sera donc soumis à un cycle de conduite d'une journée complète, fidèlement au cycle UDDS modifié, sans aucune recharge externe.

7.2.2 – Scénario 2 – Recharge intermittente par le réseau public

La seconde simulation sera réalisée de façon identique au premier scénario, en incluant toutefois des intervalles de recharge par le réseau électrique public. Réalistement, le véhicule se doit d'être immobile lors de son branchement au réseau; c'est précisément dans cette intention que le cycle de conduite utilisé fut modifié afin d'imiter le comportement de celui-ci durant une « journée » de travail typique, incluant deux pauses de 15 minutes ainsi qu'une heure de « dîner ».

En plus de fournir des données de base sur l'économie du véhicule et l'effet de la dégradation des batteries, ce scénario sera également intéressant au sens qu'il démontrera dans quelle mesure une simple modification dans les habitudes des utilisateurs du VEH, comme le branchement au réseau pendant les arrêts, permettrait de prolonger sa durée de vie et d'améliorer sa performance.

7.2.3 – Scénario 3 – Recharge additionnelle par la génératrice MCI

Finalement, le scénario 3 attaque la gestion telle qu'envisagée au sens plus large de ce projet : dans des conditions identiques au scénario 2 (donc avec branchement lors des pauses), mais avec l'élément additionnel de recharge par la génératrice à essence présente à bord.

À noter que la génératrice fut choisie plutôt que la pile PEM pour une raison bien terre-à-terre, présente au cœur de ce projet : les phénomènes de dégradation. En effet, les piles à combustibles sont une technologie très peu mature, encore reléguées aux laboratoires de recherche, et portent un coût matériel d'un ordre de magnitude plus élevé que les batteries ou la génératrice, et ce sans même considérer le prix tout aussi élevé de l'hydrogène qu'elles consomment. Celles-ci présentent également, à l'instar des batteries, une durée de vie limitée, de l'ordre d'environ 4000 heures en conditions idéales, loin déjà de celles présentes à bord d'un véhicule.

Donc, vu l'intérêt pointu de cette recherche envers le phénomène de dégradation des batteries, il aurait été peu conséquent d'ignorer le même phénomène sur un tel dispositif. Bien que sa présence demeure un atout pour la vocation de banc d'essai du Némo, dans l'optique économique présentée ici, il est futile de comparer les deux technologies.

7.3 – Résultats et discussion

Voici une série de tableaux représentant les résultats obtenus de ces différentes campagnes de simulation. Tout d'abord, la Figure 7-2 ci-dessous illustre une comparaison directe entre les coûts d'opération du VEH.

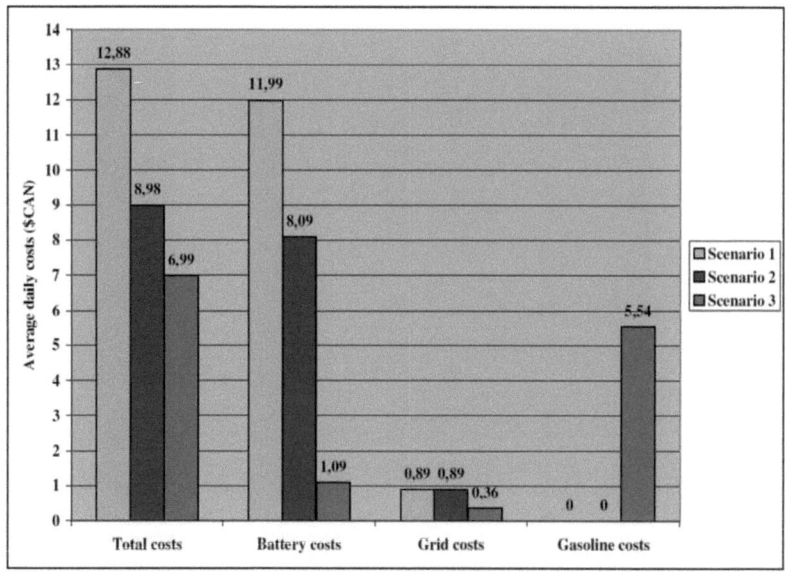

Figure 7-2. Comparatif des coûts d'opération du VEH

L'étude de cette première série de résultats permet de tirer des conclusions intéressantes de l'étude en cours. Tout d'abord, les colonnes de gauche, comparant les coûts totaux de l'opération entre les scénarios 1, 2 et 3 démontrent le succès relatif de l'entreprise, illustrant effectivement une réduction progressive des coûts d'opération entre chacun des tests proposés. On note donc une réduction des coûts d'environ 30% entre les options 1 et 2, démontrant ainsi qu'un simple changement d'habitudes de conduite, comme le branchement au réseau durant les arrêts, a effectivement un impact significatif sur les coûts d'opération du VEH.

Les colonnes suivantes, divisant les coûts entre les différents systèmes responsables, expriment en effet que cette réduction entre 1 et 2 vient complètement de la diminution de l'usure des batteries, les coûts additionnels de recharge sur le réseau étant négligeables. Évidemment, aucun coût de combustible n'intervient dans l'équation à ce moment-ci.

L'examen des résultats du scénario 3 est encore plus encourageant, démontrant une réduction additionnelle des coûts d'opération jusqu'à un minimum de 22% en-dessous des performances du scénario 2, donc une amélioration d'un impressionnant 52% par rapport à la situation de départ. L'observation des coûts répartis démontre que la grande majorité de ces économies vient encore de la réduction des coûts associés à la dégradation des batteries, ce qui est logique vu leur durabilité originale très réduite et la dépense sévère qu'elle entraîne. Celle-ci est telle que la réduction observée ici, d'environ 87% vis-à-vis le scénario 2, est suffisante pour compenser la charge supplémentaire de carburant consommée par la génératrice.

Donc, ces résultats démontrent qu'il est effectivement possible de réduire les coûts d'opération du véhicule par une gestion intelligente de la décharge des batteries, et ce malgré les coûts additionnels de carburant. Ils expriment également, tel qu'escompté au départ, que la dégradation des batteries a un impact significatif sur l'opération du véhicule et ne saurait être négligée. Afin d'examiner cet aspect plus en détail, la Figure 7-3 ci-dessous illustre la durée de vie des batteries du véhicule associée à chacun des scénarios.

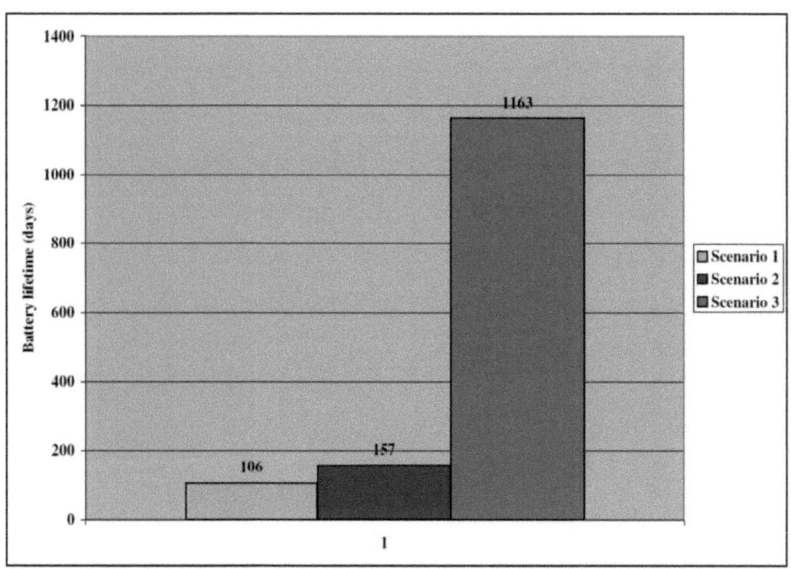

Figure 7-3. Comparatif de la durée de vie des batteries

Les données regroupées ici confirment les chiffres présentés par la Figure 7-2 et l'analyse subséquente. Tout d'abord, on observe une augmentation appréciable de la durée de vie des batteries entre les scénarios 1 et 2, passant de 106 jours (environ 3 mois, tel que déterminé expérimentalement) à 157 jours. Bien que cela ne soit pas particulièrement impressionnant d'un point de vue pratique, avec à peine 2 mois supplémentaires de durée de vie, ce qui est toujours très peu pour un véhicule électrique viable, ceci représente malgré tout une amélioration de 46%, apportée simplement par le branchement lors des pauses.

Finalement, les performances du scénario 3 démontrent que le problème de durée de vie des batteries est presque éliminé, avec une durée prédite de 1163 jours (un peu plus de 3 ans). Toutefois, il est nécessaire d'explorer les résultats de ce scénario un peu plus en profondeur, afin de confirmer qu'ils furent obtenus en concordance avec les conditions encadrant ce projet. En effet, ceci étant avant tout une étude de véhicule électrique hybride, ayant pour première raison d'être l'utilisation de sources alternatives de carburants non-polluants, il serait peu intéressant d'obtenir une solution finale où la totalité de l'énergie du véhicule proviendrait de la génératrice à essence, peu importe l'économie d'opération encourue. La Figure 7-4 ci-dessous illustre donc l'évolution de l'état de charge *SOC* de la batterie au cours de ce scénario.

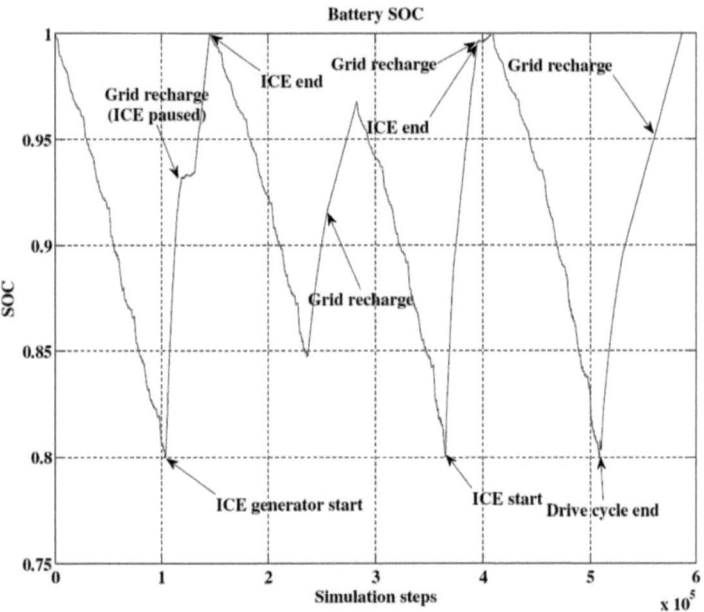

Figure 7-4. Profil de l'état de charge SOC, scénario 3

De prime abord, on observe des indices indiquant la méthode d'optimisation utilisée, en fixant une limite minimale de *SOC*, à l'atteinte de laquelle on démarre la génératrice. Le graphe démontre donc que le *SOC* minimum ici atteint est d'environ 80%, maintenu sur toute la durée du cycle de conduite d'une durée de 9 heures, suivie d'une pleine recharge sur le réseau. On y retrouve également les différentes périodes de « pause », où la recharge est prise en charge par le réseau public.

Principalement, une analyse de ces données indique que la génératrice fut employée durant deux périodes de recharge, durant 39 et 41 minutes respectivement, pour un total de 1 heure et 20 minutes pour un cycle complet de 9 heures d'opération. Cette constatation vient confirmer la validité de l'expérience, car bien que le coût d'opération soit minimal, la majorité de l'énergie de propulsion du véhicule vient des batteries (et par association, du réseau public), qui fournit celle-ci durant 85% de la durée du trajet, et qui profite à la fois pleinement des intervalles de recharge sur le réseau.

Finalement, voyons un aperçu des résultats de l'optimisation réalisée ici par essai-erreur, en fixant par incréments un état de charge minimum, puis en observant la tangente des résultats de simulation, indiquant le point de recharge optimal. (Fig. 7-5).

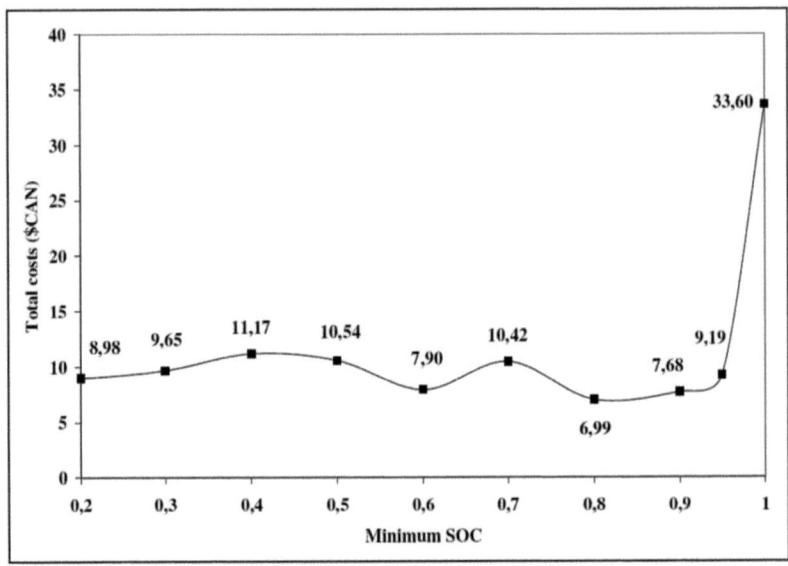

Figure 7-5. Résultats obtenus par essai-erreur, scénario 3

Le point minimum est facilement identifiable à 0.8 SOC. À l'extrême droite, on mesure essentiellement les coûts d'opération du VEH sans aucune intervention des batteries, donc en dépensant uniquement de l'essence par la génératrice; ce coût est, bien évidemment, beaucoup plus élevé que la moyenne. À l'inverse, les valeurs mesurées à gauche, à partir de 0.2 SOC, bien qu'absentes du graphe, représentent le point où la génératrice n'entre jamais en action : le coût d'opération est donc identique à celui enregistré pour le scénario 2.

Le reste de ce tracé illustre une fluctuation difficilement prévisible des coûts d'opération, avec certains maxima, notamment à 0.4 et 0.7 SOC, dont les résultats sont étonnamment médiocres, performant près du scénario 1, malgré les intervalles de recharge sur réseau et la recharge par génératrice. L'écart maximal de performance (excluant les extrêmes) est de 37% entre l'optimal et le pire résultat. Cette fluctuation s'explique en partie à cause des intervalles de recharge sur le réseau prévus par le cycle de conduite. En effet, le scénario optimal, comme le démontre la Figure 7-4, utilise pleinement les opportunités de recharge peu dispendieuses du réseau, alors que les points d'opération moins performants dépensent beaucoup de carburant pour la recharge, qui aurait pu être déplacé vers le réseau public.

7.4 – Conclusions

Suite à la courte étude de gestion d'énergie présentée ci-dessus, où un modèle complet de véhicule électrique hybride, incluant la dégradation de sa banque de batteries, fut utilisé dans la recherche d'un coût optimal d'opération selon une charge donnée, certaines conclusions purent être tirées.

Tout d'abord, l'impact significatif de la dégradation des batteries sur le coût d'opération du véhicule fut démontré sans l'ombre d'un doute. Ainsi, toute entreprise de gestion d'énergie axée sur l'économie ne saurait ignorer ce paramètre, même s'il doit être représenté de façon très élémentaire. Ceci est spécialement pertinent en ce qui concerne les VEH et les conditions spécifiques présentes lors de leur opération.

En second lieu, il fut également prouvé que la gestion d'énergie est une avenue valide afin de mitiger l'impact de la dégradation des batteries, et ce malgré le coût élevé des carburants impliqués. Ceci est particulièrement vrai pour les batteries acide-plomb présentées ici, qui sont particulièrement sensibles à la profondeur de décharge.

Finalement, on note que l'évaluation de la dégradation des batteries est une science très peu mature et, bien que conceptuellement simple, est difficile à caractériser précisément. Le manque de données expérimentales et la complexité inhérente aux processus chimiques impliqués rend l'entreprise longue, complexe et coûteuse, particulièrement lorsqu'elle doit être réalisée avec précision.

En tout dernier lieu, il est bon de mentionner que cette expérience est intéressante du point de vue de la validation du modèle du Némo développé dans cet ouvrage. Ainsi, bien que l'optimisation complète du système reste à faire, cette démonstration illustre que ce dernier se prête très bien à la tâche et que les résultats qu'on peut en tirer, particulièrement dans l'optique de la gestion d'énergie et de l'optimisation globale des coûts d'opération, sont très satisfaisants.

Chapitre 8 – Discussion et conclusions

Afin de conclure ce mémoire en bonne et due forme, il convient de revoir ici les objectifs originaux et la problématique attaquée et d'en tirer les conclusions appropriées, en connaissance des travaux réalisés et décrits au cours de ces paragraphes. L'objectif primaire de cet ouvrage était, de façon très générale, de modéliser le plus fidèlement possible le véhicule Némo dans l'optique d'utiliser ce modèle au service de la gestion d'énergie.

Tout d'abord, suite à une description des multiples technologies entrant dans la construction du VEH, un modèle théorique de l'ensemble des composantes de celui-ci, de son comportement physique, son moteur électrique et ses différentes composantes auxiliaires, en passant par ses sources secondaires d'énergie, fut construit et formulé en équations. L'ensemble de cette réalisation s'appuie sur des références solides et sur des principes d'ingénierie mécanique et électrique bien connus et dont la validité est sans équivoque.

Ensuite, un modèle complet de batterie acide-plomb fut détaillé, incluant tous les paramètres nécessaires reliés au courant, à la tension et à l'état de charge. Les lacunes de ce modèle, notamment au niveau de son évaluation de la capacité des batteries trop axée sur un courant de décharge fixe, furent entreprises et réglées à l'aide de multiples modifications utilisant les données pertinentes du manufacturier afin de mieux correspondre aux conditions variables rencontrées dans un VEH.

De plus, le point focal à l'origine de ce travail, l'usure prématurée des batteries du Némo, nécessita une attention particulière. Dans cette optique, un modèle visant l'évaluation de la dégradation de ces batteries fut développé et intégré au modèle du VEH. Ce dernier, basé sur les seules véritables données expérimentales disponibles, prédit non seulement la durée de vie des batteries selon leurs conditions d'utilisation, permettant ainsi de jeter les bases d'une étude économique, mais également la dégradation des performances de celles-ci au fil du temps, notamment leur perte graduelle de capacité, reflétant de près la réalité de celles-ci et affectant les comportement du VEH à tous les niveaux.

Suite à cette élaboration de modèles théoriques, une longue entreprise de caractérisation fut amorcée, débutant par une étude expérimentale pointue des batteries centrales à la problématique. Une campagne complète de mesures fut réalisée, incluant de multiples tests de décharge réalisés en laboratoire sur un banc d'essai construit à cette fin, incluant une chambre de contrôle climatique et un système d'acquisition de données informatisé. De ces lectures furent extraits une large gamme de paramètres caractérisant la totalité du modèle de batterie acide-plomb, apportant du même coup des modifications supplémentaires au modèle théorique afin d'inclure les paramètres d'une gamme de courants de décharge très large, correspondant de près aux conditions présentes dans le véhicule. La validation subséquente de ce modèle démontra des performances excellentes du modèle ainsi adapté.

Dans le même ordre d'idées, un protocole très varié de caractérisation du modèle de VEH fut établi et réalisé en plusieurs étapes sous forme de tests routiers, rendus possibles par l'instrumentation complète du Némo, permettant ainsi de récupérer les nombreux paramètres présents lors de son opération, comme le courant et la tension de ses batteries ainsi que sa vitesse de déplacement. De ces nombreux tests expérimentaux furent extraits deux types principaux de résultats : des lectures permettant la comparaison directe, et donc la validation, du modèle réalisé, ainsi que suffisamment de données brutes afin de déduire certains paramètres inconnus de ce dernier, comme les coefficients de résistance de l'air ou de friction de roulement des pneus sur la route. Bien que certains accrocs provenant du système d'acquisition imposèrent un bémol sur quelques-uns de ces tests, l'ensemble fut satisfaisant et les données recueillies adéquates pour tirer un portrait suffisamment complet du Némo, tout en assurant que ce dernier fut fidèlement reflété par le modèle.

Finalement, l'ensemble de ces modèles et leur caractérisation furent appliqués dans le cadre d'une opération de gestion d'énergie, visant à optimiser les coûts d'opération du VEH. Bien que réalisé de façon relativement simple, cet effort de gestion d'énergie démontre la validité des travaux réalisés au cours de ce projet et la facilité avec laquelle le modèle final se prête à ce type d'opération, confirmant d'emblée l'atteinte de cet objectif principal du travail. Évidemment, un véritable modèle d'optimisation reste à faire et sera abordé dans la suite de cet ouvrage, mais cette première approche a l'avantage additionnel de fournir quelques amorces de pistes de recherche, en plus d'indiquer la validité de l'hypothèse centrale à ce projet : qu'il est bel et bien possible d'optimiser la durée de vie des batteries d'un véhicule électrique par une gestion intelligente de leur décharge.

Donc, à la lumière de ces constatations, il est raisonnable de prononcer le succès de cette entreprise de recherche. L'objectif de modéliser adéquatement le Némo dans une optique de gestion d'énergie fut ici réalisé à tous les niveaux, avec plusieurs ajouts au mandat initial, tels un modèle de dégradation des batteries et une caractérisation très poussée de ces dernières, qui mena à de multiples innovations au-delà du modèle de batterie de base. De plus, ces tests ont permis l'acquisition d'une large quantité de données expérimentales permettant non seulement de caractériser le modèle du VEH, mais également de mieux comprendre son fonctionnement interne, fournissant ainsi plusieurs pistes de recherche concernant son comportement et les causes de son problème d'origine : la durée de vie restreinte de ses batteries. Une exploration de la gestion d'énergie axée sur l'économie d'opération, bien qu'exclue des objectifs initiaux du travail et d'ors et déjà prévue pour un ouvrage subséquent, fut même entreprise et présentée ici en détail, démontrant à la fois que le modèle bâti est tout à fait adéquat à la tâche pour laquelle il est destiné et que les hypothèses poursuivies par cette recherche sont valides.

8.1 – Discussion sur les résultats observés

Suite aux nombreuses observations faites lors de la réalisation de ce projet, il convient ici de faire une courte discussion sur les hypothèses qui sous-tendent ce travail en entier. Comme il fut mentionné lors de l'introduction de cet ouvrage, ce projet tient son origine des problèmes de durabilité des batteries rencontrées par le manufacturier du Némo, de l'ordre de quelques mois à peine en conditions d'opération normales. L'hypothèse de base poursuivie ici est que la profondeur de décharge, un phénomène bien connu et généralement responsable de ce genre de problèmes chez les batteries acide-plomb, était la cause de ces observations; le phénomène est à ce point répandu que les manufacturiers incluent des tables d'évaluation de durée de vie selon la profondeur de décharge à leurs batteries, sur lesquelles la totalité du modèle de dégradation présenté ici fut d'ailleurs basé.

Dans cette optique, il est tout à fait logique de présumer que la gestion d'énergie de celles-ci, donc le maintien à une profondeur de décharge raisonnable par des sources d'énergie secondaire, est une excellente façon d'attaquer le problème. Le modèle de simulation, construit sur ces bases, a d'ailleurs confirmé cette approche.

Par contre, cette hypothèse, n'est valable que lorsque les batteries sont utilisées de façon adéquate, c'est-à-dire à l'intérieur de paramètres d'opération raisonnables vis-à-vis leur conception. Les lectures prises par l'instrumentation ajoutée au Némo démontrèrent par contre des failles importantes au niveau de la conception du véhicule lui-même, principalement dans le choix et le dimensionnement de ses composantes. Ainsi, on constata que son moteur électrique de 4.8 kW était régulièrement sollicité à des puissances d'au-delà de 21 kW, soit plus de 4 fois hors des limites de sa conception. Le contrôleur de celui-ci opère de la même façon, continuellement forcé dans les bornes de sa construction, dirigeant plus de 300A de courant, alors que sa limite « 1 heure » est de l'ordre de 100A. Déjà, on devine que l'opération de ces composantes électriques, de même que toutes les composantes additionnelles du VEH, de son câblage à ses convertisseurs, dans des conditions aussi extrêmes résulte en des pertes d'énergie considérables et une efficacité médiocre, ce qui explique probablement en partie l'autonomie réduite du véhicule.

Cependant, ces défauts de conception sont encore plus problématiques du point de vue des batteries. En effet, c'est sans surprise que l'on constate que ces puissances électriques sont également loin au-delà des paramètres d'utilisation prévus des batteries du Némo. Il est dont très probable que la durée de vie anormalement réduite de celles-ci soit due à ces courants de décharge excessifs; le phénomène seul de la profondeur de décharge n'explique effectivement pas une durée de vie aussi courte que celle observée, même dans le pire des cas.

Évidemment, comme il fut expliqué au cours du travail, il existe beaucoup d'autres mécanismes de dégradation des batteries, et tous sont difficiles à caractériser adéquatement. Cependant, dans des conditions relativement « saines » d'opération, la profondeur de décharge est de loin le plus influent, d'où la validité de son application dans la majorité des cas. Toutefois, la situation particulière du Némo porte à croire que l'intensité des courants de décharge est suffisamment élevée pour surpasser les dommages encourus par la seule décharge elle-même.

Ceci n'invalide en rien le véhicule actuel, ni les modèles qui furent construits ici, car il est possible d'opérer ceux-ci dans des conditions limitées afin de maintenir les puissances dans des bornes raisonnables, tel qu'il fut suggéré lors de certains des tests routiers. Sa vocation de banc d'essai expérimental ciblant les VEH est également valide dans ces limites.

Par contre, la durée de vie très restreinte de cette banque de batteries étant le point de départ de tout cet ouvrage, il aurait été peu conséquent de passer sous silence ces observations. En effet, ces conclusions, bien qu'elles méritent un examen plus poussé afin de les valider complètement, on probablement élucidé en grande partie le « mystère » de la durabilité étonnamment faible des batteries du Némo.

8.2 – Perspectives et travaux futurs

Les modèles développés ici furent réalisés en vue de travaux de gestion d'énergie du VEH; c'est donc exactement à cette fin qu'ils seront utilisés. L'auteur de ce travail amorce déjà un projet de doctorat visant la continuation de cette poursuite. Bien que les détails restent à fixer, l'optique de la gestion d'énergie des VEH est un domaine riche en possibilités d'avancement et d'innovation, et la plate-forme du Némo se prête à merveille à cette entreprise.

D'autre part, les projets possibles sont multiples, en partie parce que le véhicule actuel est très rudimentaire. Il est ainsi possible d'y ajouter la gamme complète de composantes pertinentes au domaine, comme un freinage régénératif intelligent, des accumulateurs d'énergie plus performants, l'étude du comportement des différentes sources d'énergie à bord ou encore une révision des composantes problématiques de sa conception actuelle, pour ne nommer que ceux-là.

Références

[1] Rifkin, J. (2002), "The Hydrogen Economy", J. Tarcher/Penguin Group (USA)

[2] Reeves, H, (2003), "Mal de terre", Éditions du Seuil

[3] National Research Council (2010), "America's Climate Choices: Panel on Advancing the Science of Climate Change; Advancing the Science of Climate Change". Washington, D.C.: The National Academies Press.

[4] Ruddiman, William F. (2005), "Plows, Plagues, and Petroleum: How Humans Took Control of Climate", New Jersey: Princeton University Press.

[5] Site web de la compagnie Némo, http://www.nev nemo.com/ Nemo_Presentation/ Accueil_Nemo.html

[6] Chau, K.T., Wong, Y.S (2002), "Overview of power management in hybrid electric vehicles", Energy Conversion and Management , vol. 43, pp. 1953–1968

[7] Valero, I., Bacha, S., Rulliere, E. (2006), "Comparison of energy management controls for fuel cell applications", Journal of Power Sources, vol. 156, pp. 50–56

[8] Chan, C.C., (2007) "The State of the Art of Electric, Hybrid, and Fuel Cell Vehicles", Proceedings of the IEEE, Vol. 95, No. 4, April 2007

[9] Dinçer Mehmet B., Mehmet Ali C., R. Nejat T. (2008), "Development of Control Strategy Based on Fuzzy Logic Control for a Parallel Hybrid Vehicle", Tubitak Marmara Research Center, Energy Institute, Gebze, Kocaeli, Turkey

[10] S. Wahsh, H. G. Hamed, M. N. F. Nashed, T. Dakrory (2008), "Fuzzy

Logic Based Control Strategy for Parallel Hybrid Electric Vehicle", Proceedings of 2008 IEEE International Conference on Mechatronics and Automation

[11] Uwe Sauer, D., Wenzl, H., (2008), "Comparison of different approaches for lifetime prediction of electrochemical systems— Using lead-acid batteries as example", Journal of Power Sources, vol. 176, pp. 534–546

[12] Cowlishaw, M.F. (1974), "The Characteristics and Use of Lead-Acid Cap Lamps", Trans. British Cave Research Association, vol.1 (4): pp. 199–214

[13] Wenzl, H., Baring-Gouldb, I., Kaiserc, R., Yann Liawd, B., Lundsagere, P., Manwellf, J., Ruddellg, A., Svobodah, V., (2005), "Life prediction of batteries for selecting the technically most suitable and cost effective battery", Journal of Power Sources, vol. 144, pp. 373–384

[14] Valøen & Shoesmith (2007). "The effect of PHEV and HEV duty cycles on battery and battery pack performance", Plug-in Highway Electric Vehicle Conference: Proceedings.

[15] Site web de Maxwell Technologies, inc., www.maxwell.com,.

[16] Achaibou, N., Haddadi, M., Malek, A. (2008), "Lead acid batteries simulation including experimental validation", Journal of Power Sources vol. 185, pp. 1484–1491

[17] Concorde Battery Corporation, "Technical manual for Lifeline® batteries manufactured by", Document No. 6-0101, Revision B, September 9, 2009

[18] Donald G. Fink and H. Wayne Beaty (1978), "Standard Handbook for Electrical Engineers, Eleventh Edition",McGraw-Hill, New York, pp. 11–116

[19] Isoi, T., Furukawa H. (1998), "Valve-regulated lead/acid batteries for SLI use in Japan", Technical Center (SLI), Yuasa Corporation

[20] Linden, D., Reddy, T., (2002), "Handbook Of Batteries, 3rd Edition". McGraw-Hill, New York, pp. 23-44 à 23-53

[21] Site de référence général sur les batteries, www.batteryuniversity.com

[22] Doerffel, D., Sharkh, S.A. (2006), "A critical review of using the Peukert equation for determining the remaining capacity of lead-acid and lithium-ion batteries", Journal of Power Sources, vol. 155, pp. 395–400

[23] Bindner, H., Cronin, T., Lundsager, P., Manwell, J., Abdulwahid, U., Baring-Gould, I. (2005), "Lifetime Modelling of Lead Acid Batteries", Riso National Laboratory

[24] Schiffer, J., Uwe Sauer, D., Bindner, H., Cronin, T., Lundsager, P., Kaiser, R., (2007), "Model prediction for ranking lead-acid batteries according to expected lifetime in renewable energy-systems and autonomous power-supply systems", Journal of Power Sources, vol. 168, 66–78

[25] Berndt D., Meissner E., Rusch W. (1998), "Aging Effects in Valve-Regulated Lead-Acid batteries", Varta Batterie, pp. 139-145

[26] Ruetschi, P. (2004), "Aging mechanisms and service life of lead-acid batteries", Journal of Power Sources, vol. 127, pp. 33-44

[27] Divya, K.C., Østergaard, J., (2009), "Battery energy storage technology for power systems—An overview", Electric Power Systems Research, vol. 79, pp. 511–520

[28] Ellis, G. B., Mandel, H., and Linden, D. (1952), "Sintered Plate Nickel-Cadmium Batteries". Journal of the Electrochemical Society, September 1952.

[29] Shnayerson, M. (1996). "The Car That Could: The Inside Story of GM's Revolutionary Electric Vehicle", Random House. pp. 194–

207, 263–264
- [30] Hoogers, G. (2003). "Fuel Cell Technology Handbook", Boca Raton, FL: CRC Press. pp. 6–30
- [31] Beer, F., Johnston, R., (1999), "Vector mechanics for engineers: Dynamics", McGraw-Hill
- [32] Munson, B., Young, D., Okiishi, T., (2002), "Fundamentals of fluid mechanics", John Wiley & Sons, pp.573-592
- [33] Hibbeler, R.C. (2007). "Engineering Mechanics: Statics & Dynamics (Eleventh ed.)". Pearson, Prentice Hall,. pp. 441–442
- [34] Williams, J. A. (2005), "Engineering Tribology". New York: Cambridge University Press
- [35] Dorf, R., Bishop, R., (2002), "Modern Control Systems, 8ème edition", Addison-Wesley, pp. 52-55
- [36] Barbir, F., (2005), "PEM fuel cells, Theory and practice", Elsevier Academic Press, pp. 51-52
- [37] Site web de Mobixane, pile PEMFC:
http://www.axane.fr/gb/products/mobixane/mobixane.html
- [38] Site web de l'US Environmental Protection Agency, (EPA)
http://www.epa.gov/nvfel/testing/dynamometer.htm
- [39] Ceraolo, M., (2000), "New dynamical models of lead-acid batteries", IEEE Transactions on power systems, vol. 15, No. 4, Novembre 2000
- [40] Ceraolo, M., Barsali, S., (2002), "Dynamical models of lead-acid batteries: implementation issues", IEEE Transactions on energy conversions, vol. 17, No. 1, Mars 2002
- [41] Jackey, R.A., (2007), "A Simple, Effective Lead-Acid Battery Modeling Process for Electrical System Component Selection", The MathWorks, Inc.
- [42] Site web d'US batteries, http://www.usbattery.com/

[43] Wildi, T., Sybille, G., « Électrotechnique, 4ème édition », Les presses de l'université Laval

[44] Medora, N. Kusko, A, (2006), "An enhanced dynamic battery model of lead-acid batteries using manufacturer's data", Exponent Failure Analysis Associates, Inc.

[45] El Kadri, K., "Plate-forme véhicule hybride: ECCE et ses différents composants", Thèse doctorale

[46] Pascoe P.E., Sinisena H. (2002), "Coup de fouet based VRLA battery capacity estimation". IEEE trans power systems.

[47] Rutman, J. (2007), "How to do a roll-down test", Israel Institute of technology

[48] Green Seal Report (2003), "Low rolling resistance tires", édition Mars 2003. pp. 1-5

[49] Liste de valeurs de coefficients de résistance aérodynamique selon le modèle d'automobile, http://en.wikipedia.org/wiki/Automobile_drag_coefficients

[50] Site web de la compagnie SDP Autosport, http://www.sdpautosport.com/

[51] Site web du fabricant du banc dynamométrique, http://www.dynapackusa.com/specs.htm, (modèle 3000)

[52] Martel, F., Dubé, Y., Agbossou, K., Boulon, L. (2011), "Hybrid electric vehicle power management strategy including battery lifecycle and degradation model", Proceedings of the 2011 Vehicle Power and Propulsion Conference

[53] Site web de Honda, division équipement de puissance, http://powerequipment.honda.ca/

Appendice A - Spécifications techniques du manufacturier

A-1. Véhicule électrique Némo original

ELECTRIQUE		
Batteries	Batteries de propulsion	12 batteries de 6 volts acide plomb, 240 AH Tension nominale de 72 volts (standard)
	Batterie auxiliaire	1 batterie de 12 volts acide plomb sans entretien
Chargeur		Intégré de 110 volts, 15 ampères
Moteur		Moteur 8 HP-AC, ACX-3023 (ou YDQ 5-4FYM) Advanced motor&Drives
TRANSMISSION		
Modèle		Propulsion Marche arrière ou avant obtenue par inversion du courant du moteur
VOLANT		
Modèle		Pignon et crémaillère
Rayon de braquage		4,5 m (15 pieds)
SUSPENSION		
Modèle		Avant et arrière : Essieu rigide à 3 bras Amortisseurs hydrauliques combinés avec ressorts sur l'amortisseur
FREINS		
Avant		Freins à disque
Arrière		Freins à disque avec régénération du courant
PNEUS		
Modèle		Régulier : 175/70R13
Pression		Avant : 32 PSI (220 kPa) — Arrière : 32 PSI (220 kPa)
CAROSSERIE		
Modèle		Plastique ABS
Nombre de sièges		2
Longueur/largeur		3,51m (11,52 pieds) 1,46 m (55 pouces)
Hauteur		1,91m (61,4 pouces)
Poids du véhicule à vide		864 kg (1900 lbs)
Charge		450 kg (1000 lbs excluant le conducteur et le passager)
PERFORMANCE		
Accélération 0-40 Km/h (25 milles à l'heure)		6,5 s
Vitesse maximale		40 km/h (25 milles à l'heure)
Autonomie nominale		90 km (60 milles)

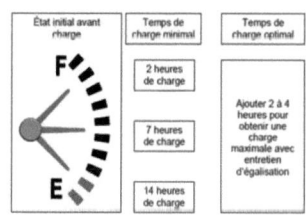

A-2. Batteries acide-plomb US 8V GCHC XC

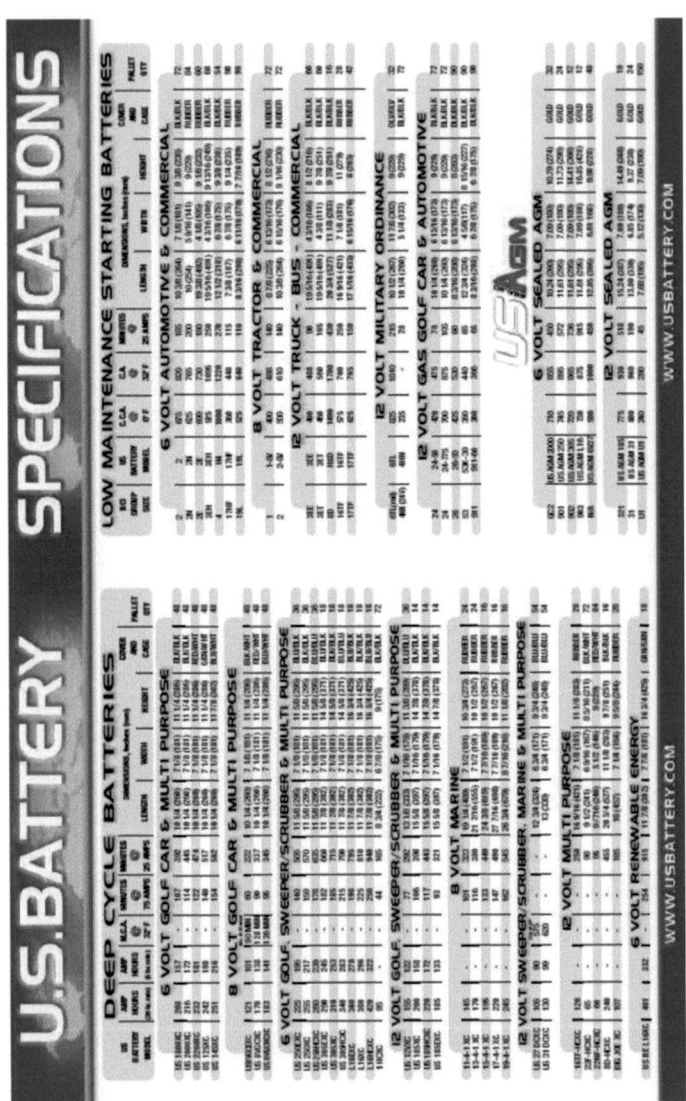

Product Capacity Chart

Discharge time in minutes at the discharge current of:

Battery Type	5 AMP	10 AMP	15 AMP	20 AMP	25 AMP	40 AMP	50 AMP	75 AMP	90 AMP	100 AMP	125 AMP
12 VOLT DEEP CYCLE BATTERIES											
U1-HC	355	159	99	71	55	31	24	15	12	11	8
22NF-HC	671	305	183	127	95	51	38	21	17	15	10
22F-HC	707	311	186	130	98	55	41	25	20	17	13
78-HC	792	354	220	158	122	70	54	34	27	24	18
24 TM	975	402	239	166	125	68	51	30	24	21	16
27 TM	1279	515	302	207	155	83	62	36	28	25	18
27 TMX	1518	620	367	253	190	103	77	45	36	31	23
31 TMX	1659	704	426	299	227	126	96	58	46	40	31
16TF-HC	1466	684	438	319	250	149	116	74	61	54	42
EV-145	1630	814	500	353	270	153	117	72	57	50	38
8D-HC	3080	1526	893	611	455	244	182	106	83	72	54
US 185	2203	1093	675	480	368	210	161	100	80	71	54
US 185HC	2635	1313	791	552	418	323	176	110	84	74	56
US185E	2140	1067	646	445	303	191	145	88	70	61	46
BIG JOE	1302	562	343	242	185	104	79	48	39	34	26
6 VOLT DEEP CYCLE BATTERIES											
1-HC	1128	493	303	215	165	94	72	44	35	31	24
US 1800	2415	1207	731	512	370	217	165	100	77	68	51
US 2000	2560	1276	765	533	402	222	168	101	80	70	53
US 2200	2720	1350	821	578	447	248	188	115	92	80	61
US 125	2852	1420	870	615	470	266	203	125	100	88	67
US 145	3055	1520	947	677	522	301	232	145	117	103	79
US 250	3125	1554	971	695	536	311	240	150	121	107	82
US 250HC	3190	1736	1086	777	600	348	268	168	136	120	92
US 250E	2710	1351	852	614	477	279	194	132	111	98	76
US 305	3705	1850	1224	856	648	361	273	165	131	115	87
US 305HC	4080	2010	1367	973	747	428	329	203	164	145	111
US 305E	3670	1827	1134	808	622	357	275	172	137	121	93
L16	4500	2250	1500	1090	810	426	314	214	160	122	114
L16 HC	5029	2490	1660	1245	890	419	344	236	187	164	123
L16 E	4493	2236	1491	1015	753	401	297	187	135	117	87
8 VOLT DEEP CYCLE BATTERIES											
US 8V GC	2090	1041	635	448	341	192	146	94	72	66	50
11-4-1	1757	826	531	388	305	182	143	92	75	67	52
13-4-1	1825	906	579	422	330	196	153	98	80	71	55
15-4-1	2290	1130	739	544	430	261	206	134	110	98	78
17-4-1	2620	1306	811	578	445	256	197	122	98	87	67
19-4-1	2995	1480	927	666	515	299	231	145	117	104	80

Ampere Hour Capacity - Maximum Ampere Hour capacity available during the time interval of:

Battery Type	20 Hrs	15 Hrs	12 Hrs	10 Hrs	8 Hrs	7 Hrs	6 Hrs	5 Hrs	3 Hrs	2 Hrs	1 Hrs
12 VOLT DEEP CYCLE BATTERIES											
US 12V XC	155	148	143	138	133	130	126	122	112	104	92
EV 145 XC	150	145	140	135	130	127	124	120	110	103	91
US 185 XC	200	190	183	178	171	167	163	158	145	135	120
US 185HC XC	220	210	201	195	188	183	178	172	158	147	130
US 185E XC	185	150	147	144	140	138	135	133	125	120	111
24TM	-	-	-	-	-	-	-	-	-	-	-
27TM XC	105	97	92	89	84	81	79	75	67	61	52
31TMX XC	130	124	118	114	109	107	103	99	90	84	73
16TF-HC XC	120	118	115	113	111	110	108	106	101	97	91
22F-HC XC	65	66	63	61	58	57	55	53	48	45	39
22NF-HC XC	60	76	72	68	64	62	59	56	49	44	36
8D-HC XC	240	230	218	209	199	193	186	179	159	145	124
BIG JOE XC	107	103	99	96	92	90	87	84	77	71	63
6 VOLT DEEP CYCLE BATTERIES											
US 1800 XC	208	186	179	174	169	165	161	157	145	136	122
US 2000 XC	216	212	203	196	188	183	178	172	156	144	126
US 2200 XC	232	221	214	207	198	193	187	181	164	152	133
US 125 XC	242	233	226	220	213	208	203	198	182	171	153
US 145 XC	251	244.5	239.5	236	231	224	219	216	197	185	167
US 250 XC	255	253	245	239	232	228	223	217	202	191	173
US 250HC XC	280	277	269	263	255	250	245	239	223	211	192
US 250E XC	225	229	221	216	209	205	200	195	181	171	155
US 305 XC	310	311	298	288	276	270	262	253	230	213	187
US 305HC XC	340	336	324	315	305	298	291	283	261	245	220
US 305E XC	290	288	279	271	262	257	252	245	227	214	193
L16 XC	380	347	331	320	308	301	293	296	260	242	214
L16HC XC	420	372	358	346	333	326	317	322	282	263	233
L16E XC	360	328	311	299	285	277	268	270	232	213	184
1HC XC	95	95	92	89	86	84	82	80	73	69	61
8 VOLT DEEP CYCLE BATTERIES											
US 8VGC XC	170	166	160	155	149	146	142	138	126	118	105
US 8VGCHC XC	183	173	160	156	151	148	145	141	131	123	111
US 8VGCE XC	121	123	118	114	110	107	104	101	92	85	75
11-4-1 XC	165	163	161	160	158	157	156	155	151	148	143
13-4-1 XC	180	177	176	174	172	171	170	168	164	161	156
15-4-1 XC	220	216	213	211	208	206	204	202	195	191	183
17-4-1 XC	250	246	243	240	237	235	233	231	224	219	210
19-4-1 XC	265	260	257	254	250	248	246	243	236	230	220

www.USBATTERY.com

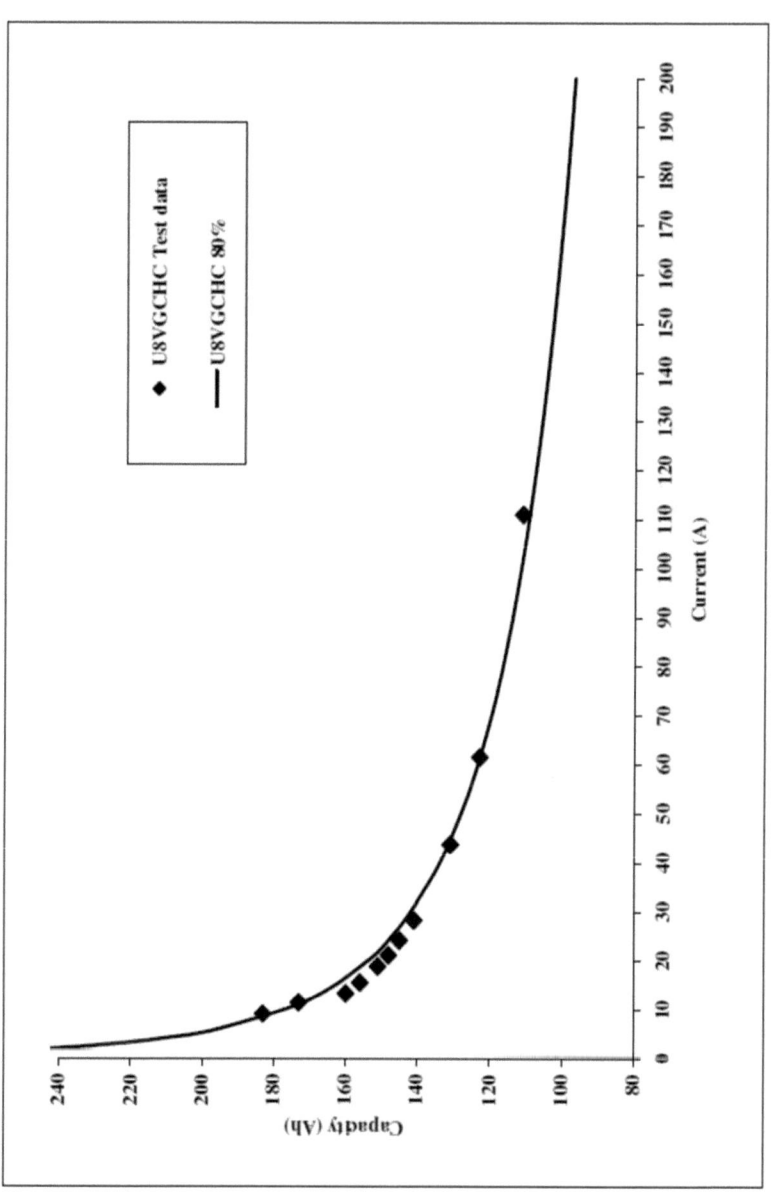

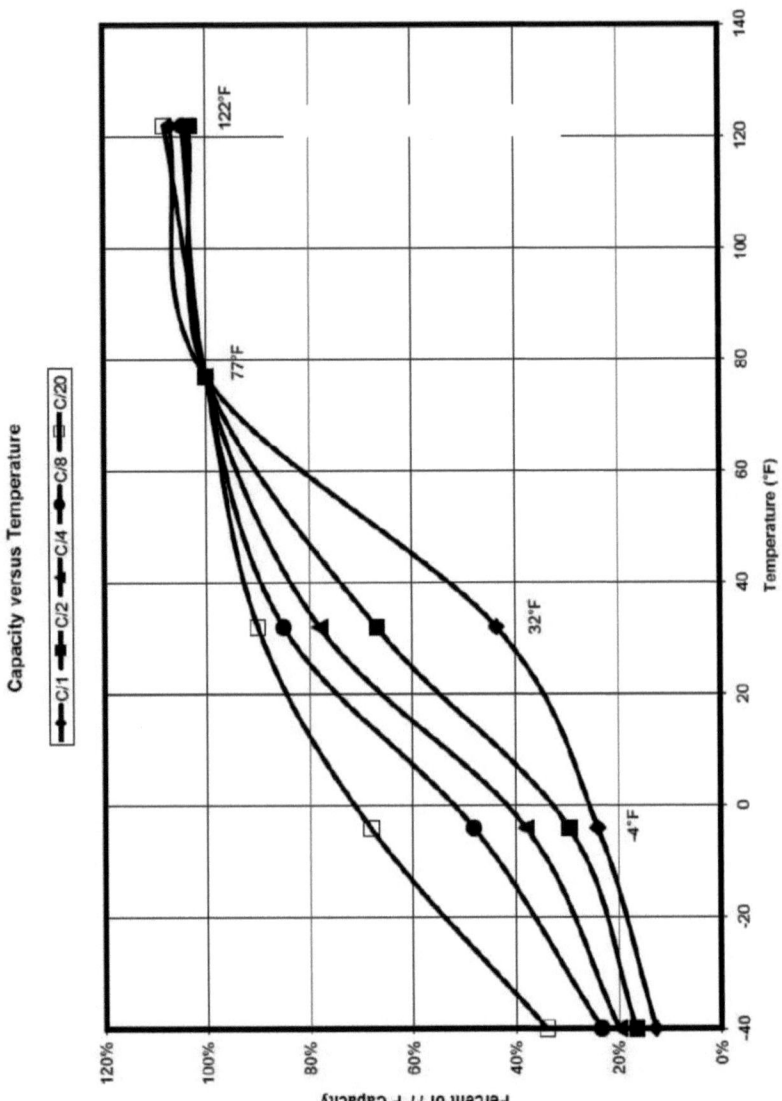

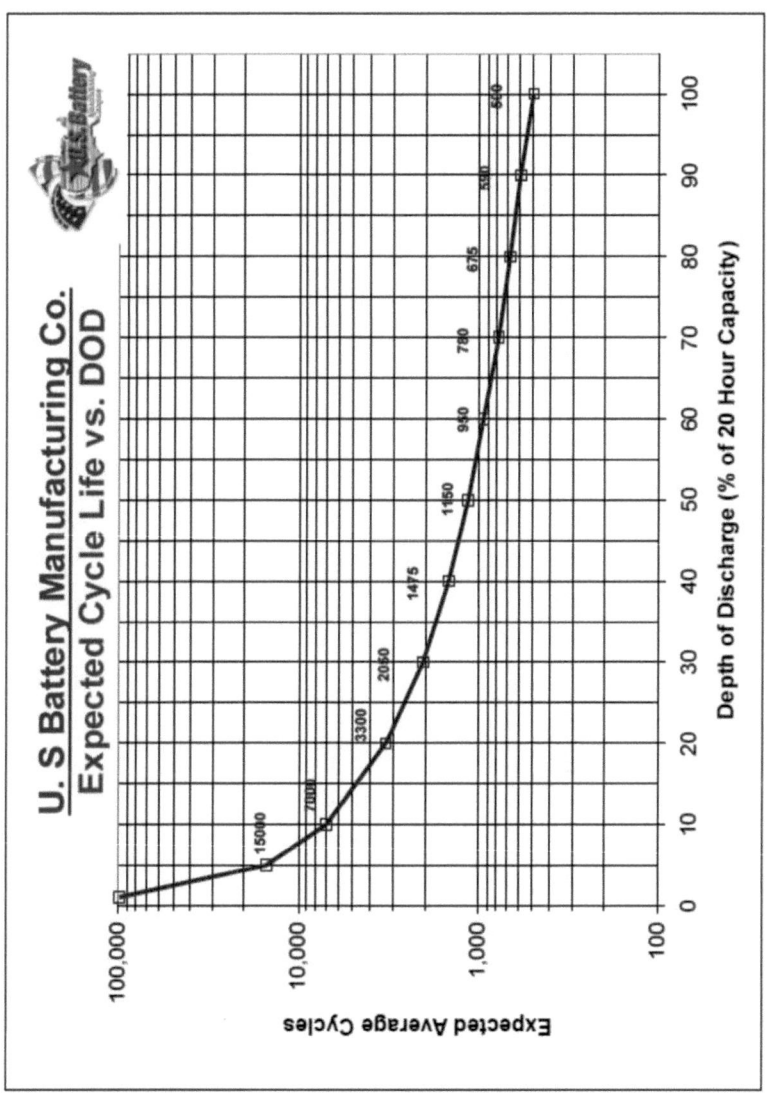

A-3. Génératrice MCI Honda EM5000iS

	EM4000SX	EM5000SX	EM5000iAB	EM6500SX	DELUXE SPECIFICATIONS
Engine	Honda iGX270	Honda iGX390	Honda GX340	Honda iGX390	
	Single cylinder, overhead valve, air-cooled	Single cylinder, overhead valve, air-cooled	Single cylinder, overhead valve, air-cooled	Single cylinder, overhead valve, air-cooled	
Displacement	270cc	389cc	337cc	389cc	
AC output	120/240V 4000W max. (33.3/16.7A) 3500W rated (29.2/14.6A)	120/240V 5000W max. (41.2/20.8A) 4500W rated (37.5/18.6A)	120/240V 5000W max. (41.7/20.8A) 4500W rated (37.5/18.6A)	120/240V 6500W max. (54.2/27.1A) 5500W rated (45.8/22.9A)	
Max AC output	5000W (41.7/20.8A) for 10 sec.	7000W (58.3/29.2A) for 10 sec.	N/A	7000W (58.3/29.2A) for 10 sec.	
Receptacles	C(2), F, G	C(2), F, H	C, F, H	C(2), F, H	
DC output	12V, 100W (8.3A)	12V, 100W (8.3A)	N/A	12V, 100W (8.3A)	
Starting system	Recoil, electric	Recoil, electric	Recoil, electric	Recoil, electric	
Fuel tank capacity	6.2 gal.	6.2 gal.	4.5 gal.	6.2 gal.	
Run time per tankful	10.1 hrs. @ rated load, 16.0 hrs. @ 1/2 load	8.1 hrs. @ rated load, 11.2 hrs. @ 1/2 load	5.7 hrs. @ rated load, 15.2 hrs. @ 1/4 load	6.9 hrs. @ rated load, 10.4 hrs. @ 1/2 load	
Dimensions (L x W x H)	41.1" x 27.8" x 30.4"	41.1" x 27.8" x 30.5"	31.9" x 26.4" x 27.2"	41.1" x 27.8" x 30.6"	
Noise level	71 dB @ Rated Load 97 LwA"	72 dB @ rated load 99 LwA"	68 dB(A) @ rated load, 62 dB(A) @ 1/4 load 96 LwA"	73 dB @ rated load 100 LwA"	
Dry weight	201 lbs.	232 lbs.	217 lbs.	243 lbs.	
	EM4000SX	EM5000SX	EM5000iAB	EM6500SX	FEATURES
	•	•	•	•	Honda OHV engine
	•	•	•	•	Electric start/Remote start option
	•	•	•	•	Oil Alert®
	•	•	•	•	Auto Throttle®
			•		Eco-Throttle® (load dependent operation)
	•	•	•	•	Electronic ignition
	•	•	•	•	Simultaneous AC/DC use
	•	•	Electronic	•	Circuit breakers
	•	•	•	•	Fuel gauge
			•		i-Monitor
	•	•	•	•	Wheel kit standard
	•	•	•	•	iAVR
	•	•	•	•	DAVR
					CycloConverter®
			•		Inverter
	•	•	•	•	One switch for engine/fuel valve on/off
	•	•	•	•	Full tubing frame for protection
	•	•	•	•	USDA qualified spark arrestor/muffler
			•		Fully enclosed for quieter operation
	•	•		•	120/240V selector switch
					GFCI/neutral bond
	3 Years	3 Years	3 Years	3 Years	Residential warranty
	3 Years	3 Years	3 Years	3 Years	Commercial warranty

RECEPTACLE	DESCRIPTION	PLUG	RECEPTACLE	DESCRIPTION	PLUG
F	30A 125V Locking Plug	L5-30P	H	30A 125/250V Locking Plug	L14-30P
G	20A 125/250V Locking Plug	L14-20P		20A 125V Single	5-20P

A-4. Pile à combustible PEM Mobixane

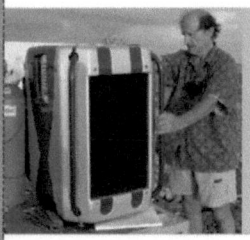

A complete energy solution:
Experts from Axane and Air Liquide are at your disposal to find the best solution that matches your needs.

For portable use, hydrogen cylinders are small and light.
Once empty, they are exchanged for full ones, either at a filling point, or directly on your site.
Air Liquide has the largest hydrogen distribution network in the world.
Wherever you are, there is an Air Liquide distribution centre not far away.

Technical specifications
- Power range .... 0,5 to 2,5 kW
- Overload capacity .... 5 kW in 1 second
- User voltage .... 110 V AC / 60 Hz
                                    230 V AC / 50 Hz
                                    48 V DC
                                    Battery charger mode 48 V DC
- Output sinusoid .... THD* < 5% with resistive load
- Electrical protection .... surge protection and short-circuits
- Noise .... 50 dba at 1 meter
- WWeight w / o storage .... 75 kg
- Dimensions .... 66 x 48 x 48 cm (200 liters)
- Maximum power .... Instantaneous transient°C
- Storage temperature .... -40°C to + 70°C
- Operating temperature .... 0°C to +45°C
- Maximum altitude .... Up to 3 000 meters operating
- EC label
- UL/CSA labeling .... In process

*Total Harmonic Distorsion

Fuel Cell Advantages

	Fuel Cell	Fuel Cell Advantages
Noise	+++	Silent system for night or urban use with no discomfort to end User.
Polluting emissions	+++	Emissions: water and heat, allowing indoor use.
Vibrations	+++	No vibration that can disturb human activity.
Reliability	++	Chemical reaction simple, no moving parts.
Maintenance	++	Maintenance every 2000 hours, no oil change operation.
Operation	++	High efficiency remains stable across its full range of operation. Clean process: no emissions, no grease. Hydrogen fuel doesn't degrade with time.

AXANE, 2, rue de Clémancière. BP 15, 38360 Sassenage - France
Tél. : + 33 (0)4 76 43 60 47. Fax : + 33 (0)4 76 43 60 28
www.axane.fr - info@axane.fr

A-5. Moteur électrique ACX-2043

AC AND DC MOTORS

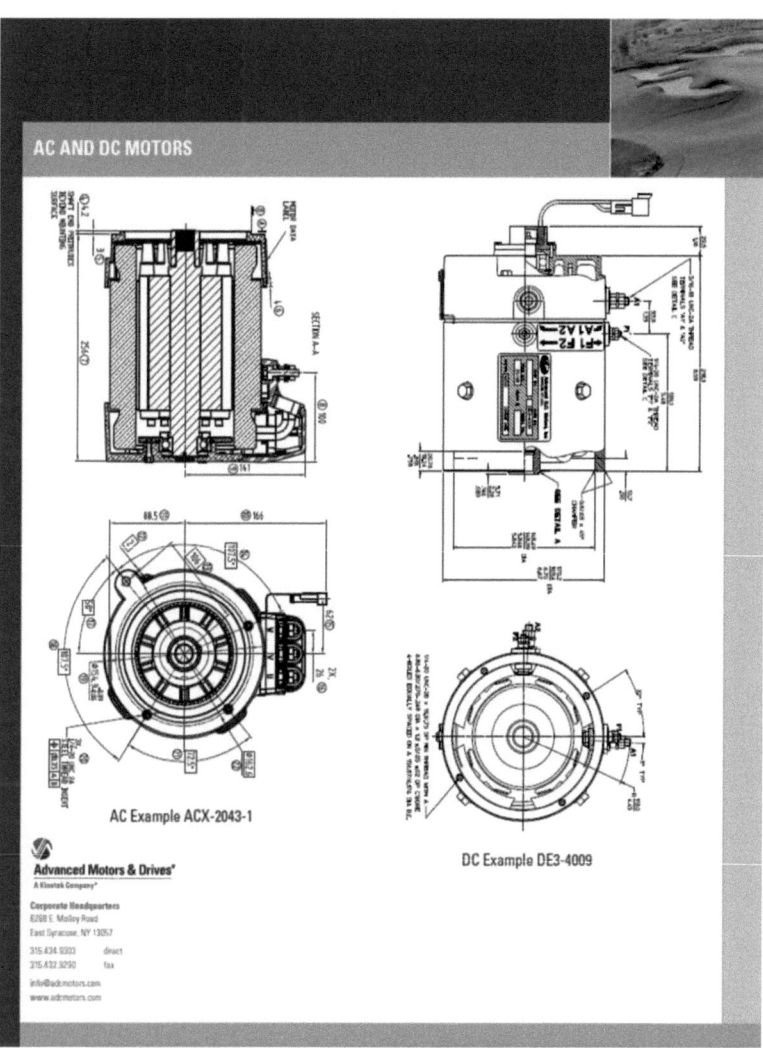

AC Example ACX-2043-1

DC Example DE3-4009

Advanced Motors & Drives
A Kinetek Company

Corporate Headquarters
6200 E. Molloy Road
East Syracuse, NY 13057
315.434.9303 direct
315.432.3290 fax
info@admotors.com
www.admotors.com

ACX-2043-1 DYNO TEST

2007-10-13

1. Cold Resistance : mΩ

U1-V1	U1-W1	V1-W1	Amb. Temp (°C)
6,35	6,35	6,35	28

2. Load Characteristics (200Nm Torque Cell)

U_1 (V)	Hz	I_1 (A)	P_1 (W)	n_N (rpm)	P_2 (W)	T_N(N.m)	η (%)	COSΦ
51,2	144,7	67,8	4525	4307	3160	7,00	69,83	0,7526
50,7	137,1	102,6	7619	4050	5760	13,57	75,60	0,8457
50,2	117,5	129,6	9141	3456	7310	20,19	79,97	0,8112
49,9	105	157,2	11034	3053	8840	27,65	80,12	0,8121
49,7	97	178,9	12403	2806	10190	34,68	82,16	0,8054
49,7	86,7	198,5	12931	2502	10560	40,31	81,66	0,7568
49	70,7	274,1	13101	2042	10100	47,24	77,09	0,5632

3. Temperature Rise Test (S2-60min)

U_1 (V)	Hz	I_1 (A)	P_1 (W)	n_N (rpm)	P_2 (W)	T_N(N.m)	η (%)	COSΦ	Frame (°C)	Temp. (°C)	Time (min)
49,7	137,1	103,3	7592	4037	5680	13,44	74,82	0,8538	60,1	28,6	10
49,7	137,1	101,4	7418	4032	5680	13,45	76,57	0,8499	78,1	28,5	20
49,7	137,1	102,3	7549	4028	5730	13,58	75,90	0,8573	91,5	28,5	30
49,7	137,1	101,6	7448	4023	5710	13,55	76,66	0,8516	103,8	28,2	40
49,7	137,1	101,1	7419	4021	5690	13,51	76,69	0,8525	113,8	28	50
49,7	137,1	102,3	7531	4016	5740	13,65	76,22	0,8552	123,8	28	60

Notes: Temperature rise with Resistance method: Rc=6.35mΩ ; Qc=28.0°C ; Rf=9.24mΩ ; ΔΦ=119.7K ;

4. Motor Performance Characteristics

U_1 (V)	Hz	I_1 (A)	P_1 (W)	n_N (rpm)	T_N(N.m)	P_2 (W)	η (%)	COSΦ
19,2	30	256,2	7067	787	64	5290	74,85	0,8295
19,3	30	223,7	5790	811	52,7	4474	77,27	0,7743
19,5	30	195,2	4332	838	38,7	3401	78,51	0,6571
19,2	30	169,7	2720	859	25,5	2291	84,23	0,4820
19,3	30	162,9	1822	879	12,8	1191	65,37	0,3346
31	50	277,3	12384	1378	70,50	10124	81,75	0,8318
31,1	50	233,3	9919	1404	58,50	8321	83,89	0,7893
31,3	50	196,1	7447	1432	42,20	6330	85,00	0,7005
31	50	162,1	5121	1450	28,20	4300	83,97	0,5884
31,1	50	143,2	2923	1476	14,10	2158	73,83	0,3789
31	70	260,3	12447	1935	50,42	10223	82,13	0,8906
30,9	70	205,9	9864	1967	40,54	8340	84,55	0,8951
31,2	70	150,6	7182	2008	29,59	6289	87,57	0,8825
31	70	108,1	4906	2038	20,24	4338	88,42	0,8453
31,2	70	69,7	2594	2070	10,08	2182	84,12	0,6887
31,1	90	203,4	9794	2520	30,00	7950	81,17	0,8939
31	90	160,3	7758	2566	24,30	6552	84,45	0,9014
31	90	122,1	5864	2601	18,30	4971	84,77	0,8945
31,2	90	85,9	4018	2635	12,08	3359	83,60	0,8656
31,3	90	56,6	2329	2662	6,31	1734	74,45	0,7590
31,1	120	155,4	7482	3424	17,50	6290	84,07	0,8938
30,9	120	128,8	6221	3455	14,01	5080	81,66	0,9025
30,9	120	99,2	4786	3491	10,50	3835	80,13	0,9015
31,1	120	73,8	3524	3523	7,11	2623	74,43	0,8865
31,2	120	52,1	2353	3551	3,54	1321	56,14	0,8358
31	140	153,1	7235	3990	12,86	5340	73,81	0,8801
30,9	140	116,7	5556	4052	10,13	4301	77,41	0,8896
31,1	140	94,8	4538	4084	7,82	3313	73,01	0,8887
30,9	140	72,9	3420	4115	5,10	2238	65,44	0,8766
31,2	140	52,8	2383	4143	2,60	1204	50,52	0,8352

A-6. Contrôleur - convertisseur CC/3CA Curtis Instruments 1236-6301

Table D-1 SPECIFICATIONS: 1234/36/38 CONTROLLERS

Nominal input voltage	24V, 24–36V, 36–48V, 48–80V
PWM operating frequency	10 kHz
Maximum encoder frequency	10 kHz
Maximum controller output frequency	300 Hz
Electrical isolation to heatsink	500 V ac (minimum)
Storage ambient temperature range	-40°C to 95°C (-40°F to 203°F)
Operating ambient temp. range	-40°C to 50°C (-40°F to 122°F)
Internal heatsink operating temp. range	-40°C to 95°C (-40°F to 203°F)
Heatsink overtemperature cutoff	linear cutback starts at 85°C (185°F); complete cutoff at 95°C (203°F)
Heatsink undertemperature cutoff	complete cutoff at -40°C (-40°F)
Package environmental rating	IP65
Weight	1234: 2.84 kg (6.3 lbs); 1236: 4.12 kg (9.1 lbs); 1238: 6.82 kg (15.0 lbs)
Dimensions (W×L×H)	1234: 155 × 212 × 75 mm (6.1" × 8.3" × 3.0") 1236: 165 × 232 × 85 mm (6.5" × 9.1" × 3.4") 1238: 275 × 232 × 85 mm (10.8" × 9.1" × 3.4")
EMC	Designed to the requirements of EN12895
Safety	Designed to the requirements of EN1175
UL	UL recognized component per UL583

Note: Regulatory compliance of the complete vehicle system with the controller installed is the responsibility of the OEM.

MODEL NUMBER	NOMINAL BATTERY VOLTAGE (volts)	CURRENT LIMIT (amps)	2 MIN RATING (amps)	1 HOUR RATING (amps)
1234-227X	24	200	200	TBD
-237X	24	350	300	170
-527X	36–48	275	250	120
1236-44XX	24–36	400	400	155
-45XX	24–36	500	500	180
-53XX	36–48	350	350	140
-63XX	48–80	300	300	100
1238-46XX	24–36	650	650	265
-54XX	36–48	450	450	210
-56XX	36–48	650	650	210
-65XX	48–80	550	550	155

Notes: All current ratings are rms values per motor phase. Internal algorithms automatically reduce maximum current limit when heatsink temperature is >85°C or battery voltage is outside the allowed limits. Heatsink temperature is measured internally near the power MOSFETs.
2-minute ratings are based on an initial controller heatsink temperature of 25°C and a maximum heatsink temperature of 85°C. No additional external heatsink is used for the 2-minute rating test.
1-hour ratings are based on an ambient temperature of 25°C with the controller mounted to a heatsink with a thermal resistance of 0.35°C/W for the 1236, or 0.25°C/W for the 1238, operating at a maximum baseplate temperature of 85°C. These thermal resistances are approximately equivalent to a 0.5m × 0.5m × 8mm thick vertical steel plate in free air with 6kph airflow on one side.

A-7. Chargeur de batterie PFC2000+

PFC2000+

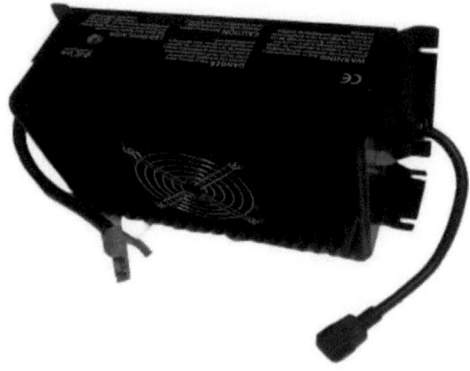

Description
- Advanced high frequency switching design with 92% typical efficiency
- Fully sealed enclosure providing improved reliability in demanding environments
- > 0.98 Power Factor minimizes utility surcharges and maximizes use of AC power
- Approved battery charge algorithms for ideal charging (default I1, I2, U, I3a)
- Memory to store 10 unique algorithms, and tools to load new algorithms in the field
- The internal CPU employs advanced charging management algorithm

Technical Features
DC Output

Model	36XX	48XX	60XX	72XX	84XX	96XX
DC Output Voltage - nominal	36V	48V	60V	72V	84V	96V
DC Output Voltage - maximum	51V	68V	85V	102V	119V	136V
DC Output Current - 230vac	40A	30A	25A	21A	18A	15A
DC Output Current - 115vac	35A	28A	25A	19A	17A	14A
Model	120XX	144 XX	156XX	168XX	288XX	
DC Output Voltage - nominal	120V	144V	156V	168V	288V	
DC Output Voltage - maximum	170V	204V	221V	238V	408V	
DC Output Current - 230vac	13A	11A	10A	9A	5.5A	
DC Output Current - 115vac	12A	10A	9A	8A	5A	
Battery Type	Specific to selected algorithm					
Reverse Polarity	Electronic protection – auto-reset					
Short Circuit	Output closed automatically					

AC Input

AC Input Voltage - range	90 - 260VAC
AC Input Voltage - nominal	120 VAC / 230 VAC
AC Input Frequency	45 - 65 Hz
AC Input Current - maximum	15A
Current – nominal	14 A rms @ 120 VAC / 9.5 A rms @ 230 VAC
AC Power Factor - nominal	> 0.98

Mechanical

Dimensions	352mm×195mm×139mm
Weight	< 7 kg Standard output cord
Environmental Enclosure	IP46
Operating Temperature	-30°C to +50°C (-86°F to 122°F)
Storage Temperature	-40°C to +85°C (-104°F to 185°F)

LED Indicator

Red-Green flash (one second interval)	Battery Disconnected
Red flash (three seconds interval)	Repair Battery
Red flash (one second interval)	<80% Charge Indicator
Yellow flash (one second interval)	>80% Charge Indicator
Green flash (one second interval)	100% Charge Indicator

Protection Features

1. Thermal Self-Protection: When the internal temperature of the charger exceeds 80°C, the charging current will reduce automatically. If exceeds 85°C, the charger will shutdown protectively, there is no current output in this case. When the internal temperature drops to 80°C, it will resume charging automatically.

2. Short-circuit Protection: When the charger encounters unexpected short circuit across the output, charging will automatically stop. By cutting AC power for 10 seconds, the charger can be re-set and will start normally (with the output circuit corrected)

3. High and Low Voltage Protection: When the input AC Voltage is higher or lower than the rated input voltage range, the charger will shutdown protectively, but resume working after the voltage is normal again.

Inter-lock Function

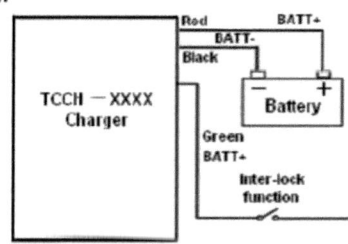

A-8. Pneus Sailun Iceblazer WST1 175/70R13

ICEBLAZER WST1

Tire Size	Load Index / Speed Symbol	Product Code	Load Rating	Stud Size	Rim Width pref.	Rim Width alt.	Overall Width (in)	Overall Diameter (in)	Section Width (in)	Tread Depth (32/in)	Static Loaded Radius (in)	Revs Per Mile	Single Max Load lbs@psi	Dual Max Load lbs@psi	Tire Side wall	Tire Weight (lbs)
155/80R13	79T	2000479	SL	#12	4.50	4.0-5.0	-	22.8	6.2	12.5	10.3	913	963@44	-	BLK	14
155/70R13	75T	2000478	SL	#12	4.50	4.0-5.0	-	21.6	6.2	12.5	9.8	963	853@44	-	BLK	13
165/70R13	79T	2000480	SL	#12	5.00	4.0-5.5	-	22.1	6.7	12.5	10.1	939	963@44	-	BLK	15
175/70R13	82T	2000473	SL	#12	5.00	4.5-6.0	-	22.7	7.0	12.5	10.3	916	1047@44	-	BLK	15
185/60R14	82T	2000475	SL	#12	5.50	5.0-6.5	-	22.8	7.4	12.5	10.4	913	1047@44	-	BLK	17
155/65R14	75T	2000962	SL	#12	4.50	4.5-5.5	-	22.0	6.2	12.5	10.1	945	853@44	-	BLK	14
165/65R14	79T	2000963	SL	#12	5.00	4.5-6.0	-	22.4	6.7	12.5	10.3	926	963@44	-	BLK	15
175/65R14	82T	2000472	SL	#12	5.00	5.0-6.0	-	23.0	7.0	12.5	10.5	903	1047@44	-	BLK	16
185/65R14	86T	2000476	SL	#12	5.50	5.0-6.5	-	23.5	7.4	12.5	10.7	885	1168@44	-	BLK	17
175/70R14	84T	2000474	SL	#12	5.00	4.5-6.0	-	23.7	7.0	12.5	10.8	876	1102@44	-	BLK	16
185/70R14	88T	2000481	SL	#12	5.50	4.5-6.0	-	24.3	7.4	12.5	11.0	856	1235@44	-	BLK	18
185/55R15	82T	2000964	SL	#12	6.00	5.0-6.5	-	23.0	7.6	12.5	10.6	902	1047@44	-	BLK	18
185/60R15	84T	2000951	SL	#12	5.50	5.0-6.5	-	23.7	7.4	12.5	10.9	875	1102@44	-	BLK	18
195/60R15	88T	2000482	SL	#12	6.00	5.5-7.0	-	24.2	7.9	12.5	11.1	858	1235@44	-	BLK	20
185/65R15	88T	2000470	SL	#12	5.50	5.0-6.5	-	24.5	7.4	12.5	11.2	850	1235@44	-	BLK	19
195/65R15	91T	2000471	SL	#12	6.00	5.5-7.0	-	25.0	7.9	12.5	11.4	831	1356@44	-	BLK	20
205/65R15	94T	2000477	SL	#12	6.00	5.5-7.5	-	25.5	8.2	12.5	11.6	815	1477@44	-	BLK	23
215/65R15	96T	2000955	SL	#12	6.50	6.0-7.5	-	26.0	8.7	12.5	11.8	798	1565@44	-	BLK	25
215/70R15	98T	2000950	SL	#12	6.50	5.5-7.0	-	26.9	8.7	12.5	12.1	772	1653@44	-	BLK	25
235/75R15	105S	2000968	SL	#13	6.50	6.0-8.0	-	28.9	9.3	-	12.9	720	2039@44	-	BLK	31
205/55R16	91T	2000469	SL	#12	7.00	5.5-7.5	-	24.9	8.4	12.5	11.5	835	1356@44	-	BLK	21
215/55R16	97H	2000954	RF	#12	7.00	6.0-7.5	-	25.3	8.9	12.5	11.6	822	1609@50	-	BLK	24
205/60R16	92T	2000953	SL	#12	6.00	5.5-7.5	-	25.7	8.2	12.5	11.8	809	1389@44	-	BLK	22
215/60R16	95T	2000952	SL	#12	6.50	6.0-7.5	-	26.1	8.7	12.5	11.9	794	1521@44	-	BLK	25
225/60R16	98T	2000949	SL	#12	6.50	6.0-7.5	-	26.6	9.0	12.5	12.1	780	1653@44	-	BLK	26
215/65R16	98T	2000961	SL	#12	6.50	6.0-7.5	-	27.0	8.7	12.5	12.3	769	1653@44	-	BLK	26
215/70R16	100S	2000973	SL	#13	6.50	5.5-7.0	-	27.9	8.7	-	12.6	745	1764@44	-	BLK	29
225/70R16	103S	2000969	SL	#13	6.50	6.0-7.5	-	28.4	9.0	-	12.9	731	1929@44	-	BLK	31
235/70R16	106S	2000970	SL	#13	7.00	6.0-8.0	-	29.0	9.5	-	13.1	717	2094@44	-	BLK	32
245/70R16	107S	2000975	SL	#13	7.00	6.0-8.0	-	29.5	9.8	-	13.3	703	2149@44	-	BLK	34
245/75R16	111S	2000976	SL	#13	7.00	6.5-8.0	-	30.5	9.8	-	13.6	682	2403@44	-	BLK	38
225/45R17	94H	2000956	RF	#12	7.50	7.0-8.5	-	25.0	8.9	-	11.6	832	1477@50	-	BLK	TBA
225/50R17	98H	2000957	RF	#12	7.00	6.0-8.0	-	25.9	9.2	-	11.9	802	1653@50	-	BLK	TBA
215/60R17	96T	2000958	SL	#12	6.50	6.0-7.5	-	23.0	7.6	-	12.5	765	1565@44	-	BLK	26
225/60R17	99T	2000959	SL	#12	6.50	6.0-8.0	-	27.6	9.0	-	12.6	751	1709@44	-	BLK	27
225/65R17	102S	2000974	SL	#12	6.50	6.0-8.0	-	28.5	9.0	-	12.9	729	1874@44	-	BLK	31
235/65R17	104S	2000971	SL	#13	7.00	6.5-8.5	-	29.1	9.5	-	13.2	715	1985@44	-	BLK	32
245/65R17	107S	2000977	SL	#13	7.00	7.0-8.5	-	29.5	9.8	-	13.4	703	2149@44	-	BLK	35
265/70R17	115S	2000972	SL	#13	8.00	7.0-9.0	-	31.7	10.7	-	14.2	656	2680@44	-	BLK	41
225/40R18	92H	2000960	RF	#12	8.00	7.5-9.0	-	25.1	9.1	-	11.7	828	1389@50	-	BLK	TBA
175/65R14C	90Q	2000966	6PR/LR-C	#12	5.00	5.0-5.5	-	23.0	7.0	-	10.5	903	1323@54	1235@54	BLK	19
Tire Size	Load Index / Speed Symbol	Product Code	Load Rating	Stud Size	Rim Width pref.	Rim Width alt.	Overall Width (in)	Overall Diameter (in)	Section Width (in)	Tread Depth (32/in)	Static Loaded Radius (in)	Revs Per Mile	Single Max Load lbs@psi	Dual Max Load lbs@psi	Side wall	Tire Weight (lbs)

Appendice B - Schémas électriques de l'instrumentation du Némo

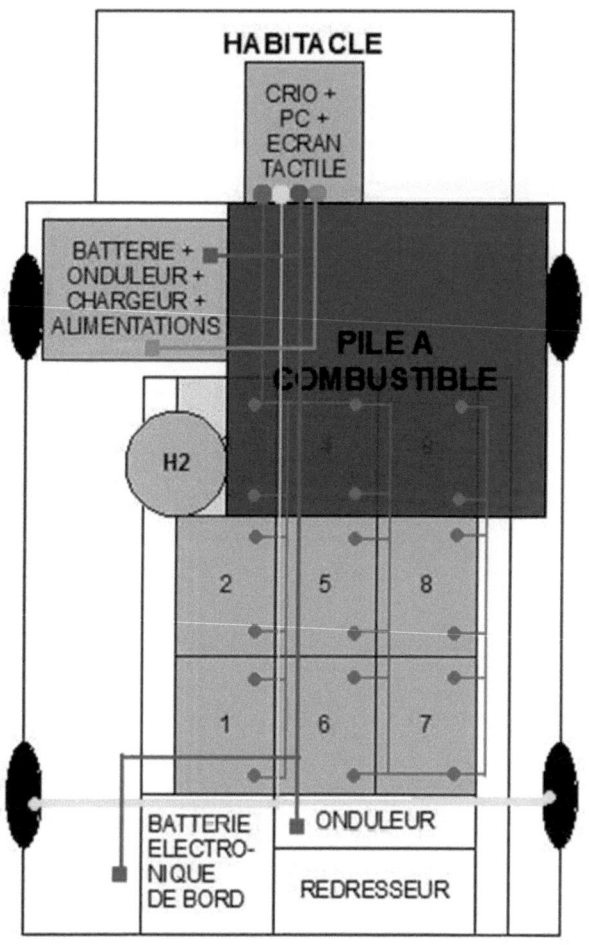

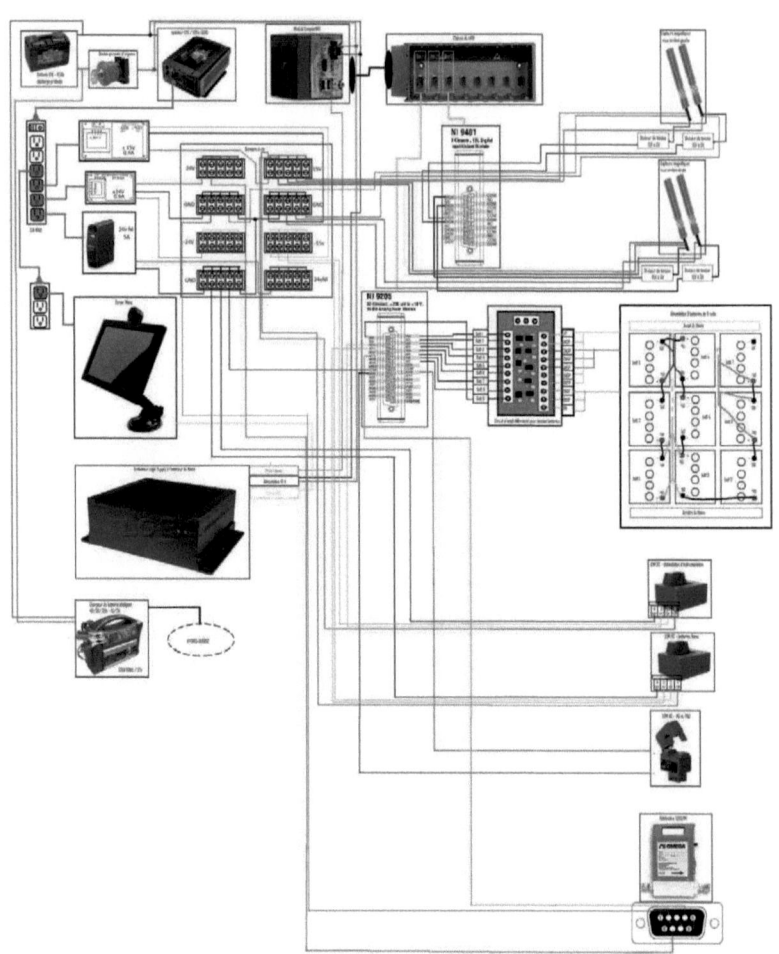

Appendice C – Modèles Matlab/Simulink® du véhicule Némo

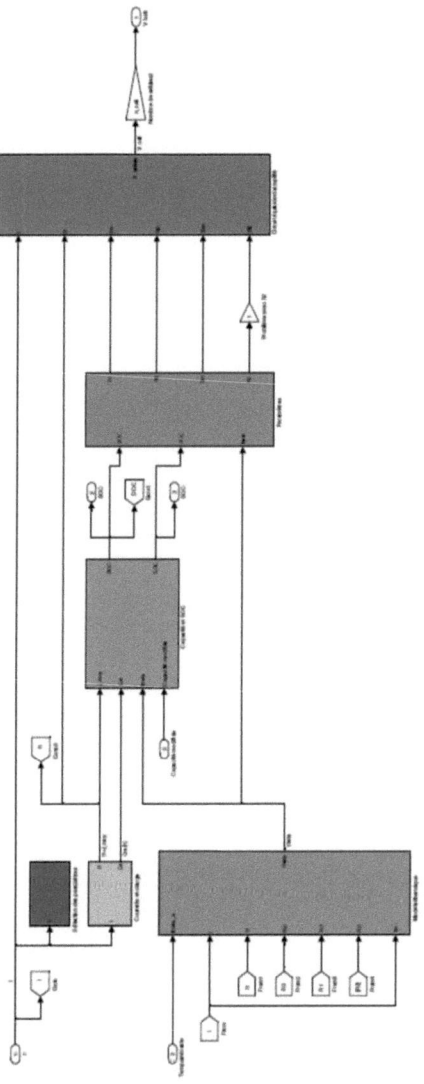

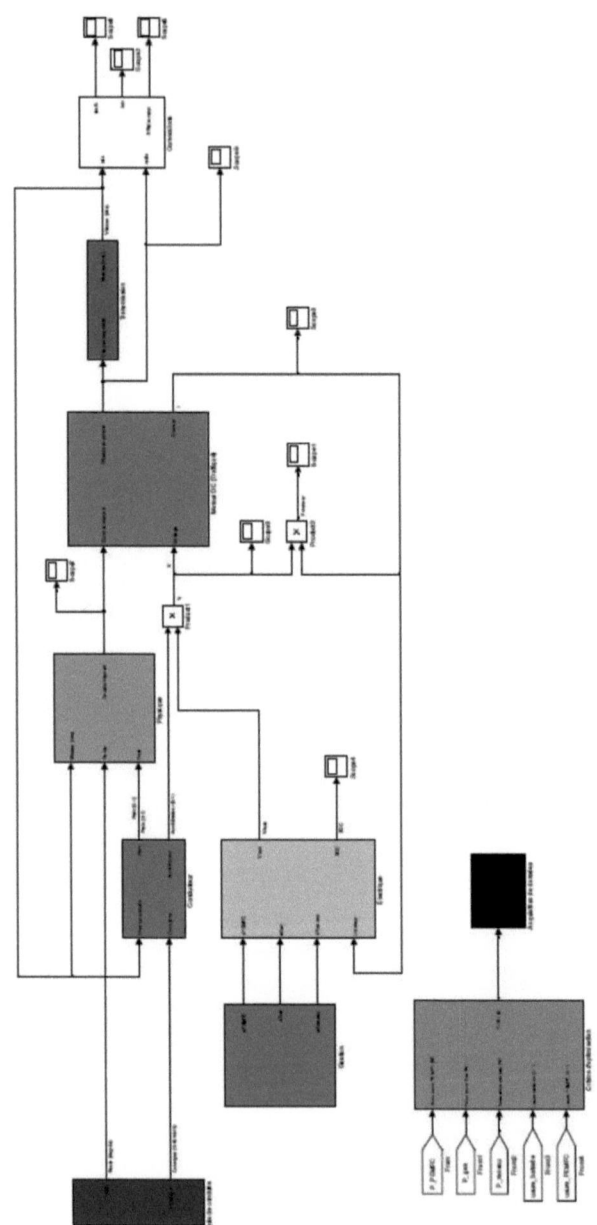

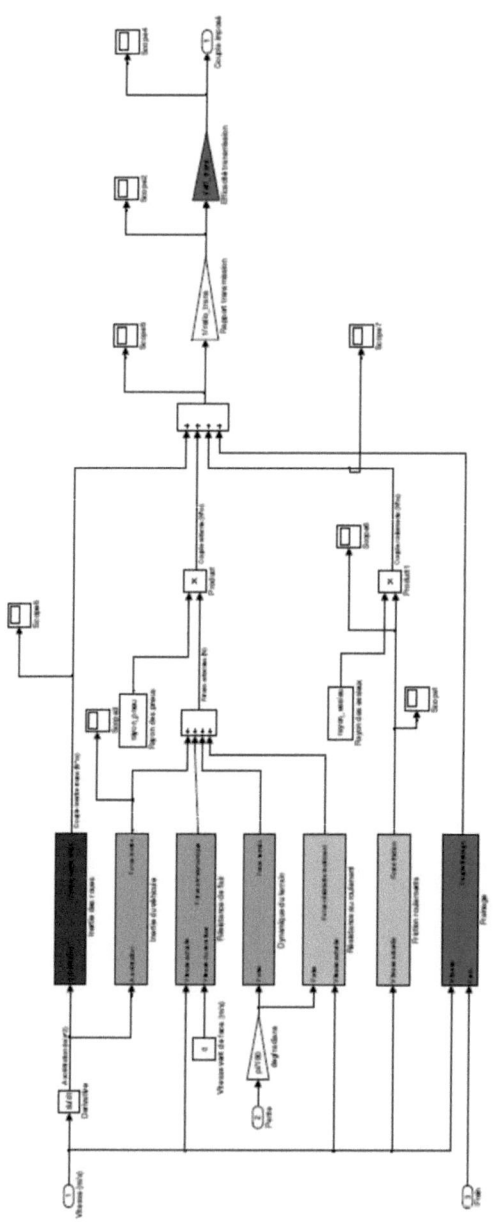

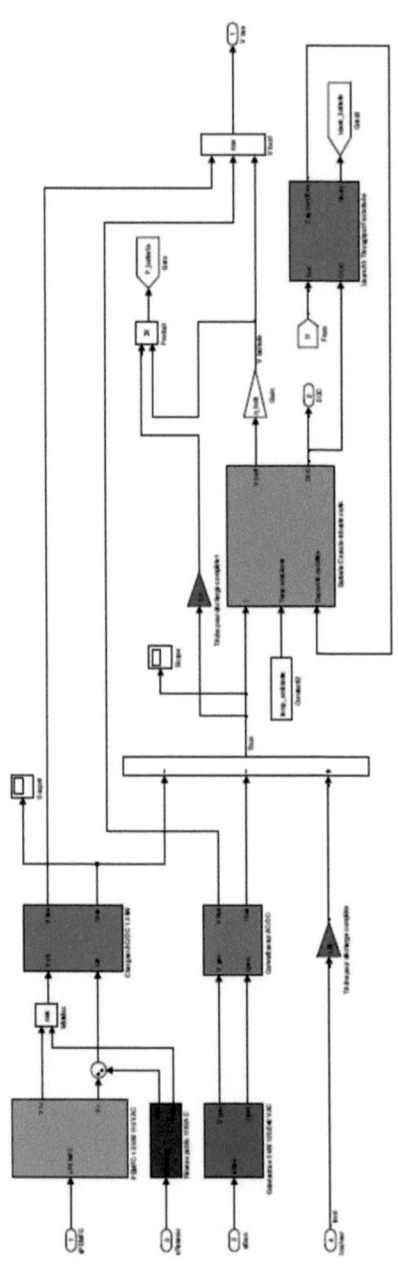

Oui, je veux morebooks!

i want morebooks!

Buy your books fast and straightforward online - at one of world's fastest growing online book stores! Environmentally sound due to Print-on-Demand technologies.

Buy your books online at
www.get-morebooks.com

Achetez vos livres en ligne, vite et bien, sur l'une des librairies en ligne les plus performantes au monde!
En protégeant nos ressources et notre environnement grâce à l'impression à la demande.

La librairie en ligne pour acheter plus vite
www.morebooks.fr

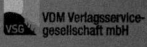

VDM Verlagsservicegesellschaft mbH
Heinrich-Böcking-Str. 6-8   Telefon: +49 681 3720 174   info@vdm-vsg.de
D - 66121 Saarbrücken   Telefax: +49 681 3720 1749   www.vdm-vsg.de

Printed by Books on Demand GmbH, Norderstedt / Germany